さまよえる町

フクシマ曝心地の「心の声」を追って

目次

さまよえる町

フクシマ曝心地の「心の声」を追って

もくじ

序章　消し去られた村

赤城山麓から関東平野に現れる渡良瀬の流れは、群馬、栃木の県境を縫うように走り、大河・利根川へと合流する。

真夏には全国屈指の酷暑地帯となり、冬には身を切るような赤城おろしが吹きすさぶ。そんな渡良瀬川下流域の大地を、福島県須賀川市の団体旅行客約三十人が訪ねたのは、二〇一三年六月、まだ穏やかなそよ風の吹く季節のことだった。

一行を乗せた貸し切りバスは、群馬県明和町の外れで国道122号線をそれ、側道に入り込んだところで停まった。利根川に架かる昭和橋の直前、対岸はもう埼玉県になろうとするあたりである。

初老の男たちがカメラを手に、次々とバスのステップを降り立つ。

そこには、地元町教委の手で建てられた黒御影石の碑があった。

「川俣事件記念碑」

刻まれた碑文は、この静かな田園地帯が明治時代の〝古戦場〟であることを簡潔に伝えていた。

一九〇〇年（明治三十三年）二月十三日。前夜遅くから館林町（現・館林市）の雲龍寺に集結した三千人近くの農民は、夜明けとともに帝都東京を目指して街道を突き進み、川俣と呼ばれるこの地区に差しかかったのは、正午過ぎのことだった。

渡良瀬川流域の農業を壊滅の淵に追い込んだ足尾銅山の鉱毒問題で、なんとしても政府の重い腰を上げさせたい。彼らの目的は、その一点にあった。

農民たちが「東京押し出し」と呼ぶ集団行動は、それまでにも三回、試みられていたが、沿道の警察による脅しや懐柔でそのたびに切り崩され、東京にたどり着くころには、雲散霧消してしまうのが常だった。

しかし、この四回目の決起には、過去にない緊迫感がみなぎっていた。

当初、農作物の一部が立ち枯れになる現象として広がった鉱毒の被害は、年を追うごとに深刻化していた。毒性の強い雨で山岳部の森が死滅してしまうと、中下流域は台風シーズンのたびに大洪水に見舞われるようになった。

一年の労働が文字通り水泡に帰す秋が積み重なり、抜き差しならない窮状に追い込まれた農民らは、もはや〝最終決戦〟という覚悟で立ち上がったのであった。

鬼気迫る不穏な空気が伝わったためだろう。当局側の動きも、例年とは違っていた。通過地点の警察署がさみだれ式に対応する方式を改め、利根川の手前に多くの警官を動員して、その渡河を阻止せんとする行動に出た。

足尾の山より渡良瀬の
流れを下りて南せば
大間々はね橋近辺に
至りて原野は開放す……

作詞作曲者不詳のそんな『鉱毒悲歌』を歌いながら街道を上ってきた農民らは、利根川左岸にある川俣宿に差しかかる付近で、五重の防止線を築いている一群の警察官に気づいた。

その数約二百人。

一行は急遽、先頭に二台の大八車を押し出し、屈強な若者を選んでその周囲を固めた。

大八車には一艘ずつ、手漕ぎ舟が積み込まれていた。橋の利用を阻まれる事態を想定して用意したものだが、事実、普段なら宿場の背後にある対岸への渡船橋は、すでに撤去されてしまっていた。

意を決した農民らは、衆を頼んで突進した。

しかし、その戦術はあまりにも拙《つたな》いものだった。

農民は街道ばかりでなく、水の張られてない左右の田にも散開して、数的な優位を自ら弱めてしまうのである。片や警察は標的を大八車に絞り込み、嵐のような殴打でこれを制圧した。中核部隊のあっけない壊滅に顔色を失い、農民勢は瞬く間に総崩れとなってしまった。

国会における田中正造代議士の奮闘とともに語り継がれる足尾鉱毒事件のクライマックスシーン「川俣事件」は、このようにして百人を超す逮捕者を出し、農民側の完敗に終わったのだった。

事件の裁判では、世論の同情を集めた農民らが「全員無罪」の判決を勝ち取ったが、鉱毒被害の根本的解決は、ついぞ見られることはなかった。政府は重要な地下資源として銅の生産を優先させ、足尾銅山は戦後の閉山に至るまで、渡良瀬川流域に鉱毒を垂れ流し続けるのである。

そして、この裁判の終結からほどなく、ひとつの村がひっそりと消えた。

政府が洪水対策として、渡良瀬川の最下流、群馬、栃木、茨城、埼玉の四県境界にまたがる一帯に、雨水を流し込む広大な遊水池を建設、その中央部にあった人口約二千七百人の谷中村を無人の地としたのである。

代議士を辞職した田中正造は晩年、この村に移り住み、最後まで強制廃村に抗《あらが》ったが、富国強兵の道を突き進む政府の国策を覆すことはできなかった——。


淡々と説明される石碑の由来に、じっと耳を傾ける旅行者たち。その中にひとり、込み上げる思いに胸を詰まらせる男がいた。その男、鎌田清衛にとって、詳細を初めて聞く川俣事件は、単なる歴史物語ではなかった。

名もなき農民たちの怒りや口惜しさ、喪失感、そういった感情が、まるで我がことのように生々しく胸に迫って感じられたのだ。

足尾銅山をめぐる史実に、とり立てて強い関心をもっていたわけでない。にもかかわらず、いざ現地に立ってみると、まるで予期しなかったさまざまな感情が湧き起こるのはなぜなのか。

鎌田らのグループは「須賀川史談会」という歴史愛好者のサークルで、年に一度、福島県外に足を伸ばす研修旅行として群馬県を訪れていた。世界遺産の決定を待つ富岡製糸場にも足を運んだ。会員歴一年余の鎌田は、一行の中で最も新参のメンバーであった。

鎌田にとって、福島県中通り地方の須賀川市は、あくまでも仮住まいの土地だった。

本来の居住地は、沿岸部浜通り地方の大熊町。隣接する双葉町とともに東京電力の福島第一原子力発電所を受け入れてきた「原発の町」だ。鎌田はあの原発事故の難を逃れるため、須賀川に身を寄せていた。そして、その避難生活の無聊《ぶりょう》を慰めようと参加したのが、この旅行であり、そこで思いがけず遭遇したのが、この足尾事件のエピソードだったのである。

そんな鎌田の境遇は、史談会に集う須賀川の仲間にも理解されていた。川俣事件の説明役を務めたメンバーは、このとき、こんなことばを口にした。

「鎌田さん、谷中村の運命は大熊と重なって感じられますね」

「…………」

人災と国策によって地図上から消し去られた村。

それはまさに、鎌田の胸中に浮かんだイメージだった。

大熊を「消し去られた町」などと表現することは、現時点ではもちろん、適切ではない。

だが、震災から三年目を迎えた二〇一三年、もはや少なからぬ大熊町民の胸に、それに近い感覚が芽生えていたことも、紛れもない現実であった。町内の一部では除染も進められているし、どんなに遅くとも、原発の廃炉作業が完了するまでには、人々の暮らす空間がまた、あの場所に蘇るだろう。

しかし年齢的に見て、新生大熊町が動き出す「その日」の到来を、生きて迎えることを望みようのない住民も、決して少なくない。

十年、二十年と長期化する避難生活に疲れ、町民は櫛《くし》の歯を欠くように四散するだろう。各地に根を下ろした次世代や孫たちの世代が、あえてまた父祖の地に結集する未来図を思い描くのは、夢物語でしかなかった。

町名も場所も同じ「大熊町」がいつか再び築かれても、そこに暮らす顔触れはおそらく、大半が震災以前とは入れ替わってしまう。

父祖伝来の地で数百年以上、脈々と受け継がれてきた人々の営みは、あの「三・一一」でやはり断ち切られてしまった、そう受け止めるしかないのである。


「たまらないですよね……」

足尾事件の史跡を探訪した思い出をひとしきり語り終えたあと、鎌田はため息交じりに呟くのだった。

群馬旅行からひと夏を挟んだ二〇一三年の秋、私は鎌田の住む須賀川のアパートを訪ねていた。それは、私の約ひと月に及んだ福島滞在の最終日だった。

その場では、何げない逸話のひとつとして耳を傾けただけだったが、改めて考えると、鎌田に教えられたその視点は、それまで堂々巡りを続けてきた私の思索に、ぼんやりとした方向性を与えてくれるものだった。

平成の谷中村――。

それは濃い霧に包まれた山道で、偶然にも探り当てた道標のようなキーワードであった。

私は震災後の夏以来、須賀川の鎌田清衛ばかりでなく、福島県内外に住む大熊被災者を延々と訪ね歩いていた。

この二〇一三年春までは、『望星』という雑誌の連載ルポとして、毎月何人かの声をまとめていた。

原発事故を自らの地元で体験した人々の「ことば」を追う。

そのことで、住民の目線からあの事故の本質を捉え直すことができるのではないか――。

しかし正直な話、連載を終えた震災二周年の段階でも、私はまだ、「大熊被災者の心」をつかみあぐねていた。「原発の町」の住民感情はそれほどに見えにくく、だからこそ私は、さらに半年を経た秋に改めて福島を歩き直したのだが、それでもまだ、もやもやとした感触で旅程だけをこなして、消化不良の思いを抱えたまま鎌田の家に立ち寄ったのだった。

大熊被災者のことばの見えにくさ。そこには、「原発の町」ならではの入り組んだ諸事情と、彼ら自身の寡黙さがあった。

かつての大熊では、就労人口の約四割が原発関連の仕事に就き、町は福島でトップクラスの豊かさを誇っていた。家族や親戚にまで範囲を広げれば、どの町民の周囲にも誰かしら、原発関係者がいた。

住み慣れた故郷を追われ、展望のない避難生活に追い込まれながらも、原発政策のただ中で生きてきた〝来し方〟の捉え方は複雑で、最大公約数的な「住民の声」などという形に集約することは至難の業だった。

もちろん、訪問を重ねて打ち解ければ、それなりに心情を吐露してはくれる。しかしほとんどの場合、それは話の流れでの〝反応〟にすぎず、ときには、私という部外者に同調してみせることばにさえ聞こえた。

原発とともに栄え、崩壊した自分たちのふるさと。その全体像を振り返り、自分なりの総括を試みる。そんな行為には、無意識にそれを遮断するシステムが心の奥底に埋め込まれているようだった。

「そんなことを考えて、いったい何の役に立つのか」

「それを聞かれると、頭が混乱して真っ白になってしまう」

私の問いかけを理解しながらも、そんな言い方で回答を拒む人もいた。

住民の寡黙さには、原発事故のあと、世間から浴びせられ続けている冷淡な視線の存在も、間違いなく影を落としていた。

被災三県の中で、大熊町と双葉町、つまり福島第一原発の立地町住民ほど、情け容赦ないバッシングを受けてきた被災者はいないだろう。

「さんざんいい思いをしてきたんだから、被災も仕方ない、自業自得だよ」

「今度の事故でまた、たんまり補償金をもらうんだろう」

「お前たちは被害者でなく、加害者の側だ」

心ない中傷はネットの中だけでなく、実生活においても、さまざまに彼らに注がれてきた。もの言えば唇寒し……。

避難先で、大熊被災者であることを隠している人も、珍しくはなかった。

そういった幾層もの〝濃霧〟と二年越しの格闘を続けてきた中で、私は鎌田の体験を知ったのであった。

原発とのかかわり方や主義主張の違いを乗り越え、多くの大熊町民が共有し得る感情――。

実は、それはもう当人たちも意識しないうちに、うっすらと形作られつつあるのかもしれない。

鎌田と別れたあと、私はふと、そう思った。

震災から一年、二年と時が経つにつれ、人々は失われゆく郷土への寂寥感を口にするようになった。目の前の不満やその矛先はさまざまに違っても、その一点においては、意外なほど似通った認識が浸透してきている。

現状では、それはまだ嘆息にとどまっているが、自らのふるさとに起きた出来事を、やがて多くの人々が掘り下げてたどり始めたとき、その遠い彼方には、顔を上げ、自らを語る町民像が現れるかもしれない。

鎌田に与えられた〝気づき〟はいつの間にか、私の中でそんな希望的観測へとつながっていった。

「食べてください。こっちの梨だけどね」

座卓の向こうから鎌田が、私に中通り産の梨を勧めた。

みずみずしい果肉が口の中に広がった。

だが、大熊で作られていた梨の味はこんなものではなかった、鎌田はきっぱりとそう釘を刺すのだった。

「幸水、豊水、新高、南水……。とくに変わった品種を作ってたわけではないけれど、大熊の梨は、それはもう、ピカ一だったね」

六十八歳で大震災に遭うまで、鎌田は大熊で梨園を営んでいた。

毎年四月には、町内に四十軒ほどあるすべての梨園に白い花が咲き乱れ、美しい光景をつくり出していた。梨の花は大熊を象徴する「町の花」だった。

だが、七十歳を機に息子を呼び、梨園を譲る予定でいた鎌田の人生設計は、根本から覆されてしまった。

原発事故による町ぐるみの避難行に加わって、しばらくは田村市の避難所に身を置いたが、寝たきりの老母を帯同していたため、ほどなくしてつてを頼りに須賀川にアパートを借りた。

以来、妻と老母と三人で身を寄せ合う暮らしを続けている。

大熊の家や梨園の近くには目下、福島県内の放射能汚染土を集積する「中間貯蔵施設」の建設も計画されている。

安全な大熊が蘇るまでの年数と、自らに残された時間……。生きている間にふるさとで暮らせる日が来るはずもないことは、もはや鎌田自身、はっきりと理解していた。

そして、ふと気がついたように、こう漏らした。

「考えてみたら大熊の梨ももう、我々は二度と食べることはできないんですよね」

大熊の梨農家には、避難先で梨作りを再開した人も、ごくわずかだが存在する。ことし五十七歳になる佐藤等もそのひとりだ。

奇しくも彼のたどり着いた〝新天地〟は、あの川俣事件の地・群馬県明和町だった。

「経済建設課　産業振興係」

渡された町役場臨時職員としての名刺には、そんな所属先が記されていた。妻とふたり館林市の借り上げ住宅に住む佐藤は、隣接する明和町にそこから通っていた。任されている仕事は、町内にある遊休農地での梨作りだ。

「オレにできることは、ほかにないですから」

佐藤もまた震災の直後、妻子とともに避難所に身を寄せたが、数日後には事態の長期化を見てとって、大学生の長女がいた群馬県伊勢崎市で職探しを始めた。

地元農家でネギやゴボウの収穫を手伝うアルバイトをし、派遣会社にも登録した。県の農業研究機関でも、短期の仕事をした。

もう一度、梨作りをしたい――。

やがて、新聞でのそんなコメントがきっかけで、明和町の仕事が見つかった。

「ここの梨の木には、けっこうダニがつくんです。その被害でやめちゃう農家もいるくらい。一本ずつ樹皮を剥いで駆除をして、かなり大変な作業でしたよ」

私が佐藤のもとを訪ねたのは雑誌連載の終盤、二〇一三年の年明けのことだ。梨畑に案内してくれた彼は、軽トラックを降り立ってこの土地での最初の収穫について、そう説明した。

その出来は決して悪くはなかったが、大熊の梨とはやはり舌触りや食感が違った。

「大熊のは、糖度はそれほどでもないけど、水分が多いんだよね。同じ福島県産でもいわき市や福島市の梨とは違う。包丁をすっと入れただけでぼたぼたって果汁が出てくるの。一番は気候の違いだと思うんだけど、こっちでもなんとか似た感じにしたくてね。次はちょっといい肥料を使ってみるつもりでいます」

梨棚の巡らされた隣には、細い棒のように苗木が立つだけの農地が並んでいた。こちらは佐藤が個人的に借りている土地で、二〇一七年に初収穫を目指している。この三十アールほどの畑に梨や桃、ブドウを作付けし、果樹農家として独立するつもりでいる。

大熊時代と比べると二割にも満たない面積だが、「夫婦で食べてゆくだけなら充分」だという。近くには、すでに定住用の宅地も購入した。

震災のあと、佐藤の両親はいわき市に暮らしている。環境の激変によるストレスの影響か、八十八歳になる父親は認知症の症状を見せ始め、ときおり発作的に「大熊に帰る」と騒ぎ出すこともある。佐藤は母親から、そう聞かされている。

佐藤自身、いつの日か大熊に帰りたい、という思いは捨て切れない。

「現実には、生きている間には無理なのかもしれない。でもね、原発の一号機から四号機まで全部なくなって、更地になったところをこの目で見たいんだよ。意地みたいなもんだね。大熊の人はみんな、そう思ってるんじゃないかな」

震災三周年を経た二〇一四年の春、私は一年数カ月ぶりに明和町を訪ねた。前回の訪問時には、この土地と足尾事件のつながりをまだ知らずにいた私は、改めて佐藤にそのことを確かめてみた。

「そうだったんですか。いや、いま初めて知りました」

佐藤もまた、再起の地に選んだ明和町で明治期に起きた出来事を知らなかった。

「国のやることは、百年前もいまも変わりはしませんよ」

感想は、ぶっきらぼうなそんなひと言だけだった。

大熊産に似た味の梨を作りたい――。

佐藤の願いは二回目の収穫でも、実現しなかった。

「やはり難しいですね。ここは夏が暑すぎるのかもしれない。でも、いろいろ工夫してみますよ。やるからにはいいものを作らないと、つまらないですから」

私はひとり、あの川俣事件記念碑にも足を運んだ。

大型トラックが次々と通り抜ける国道122号線から数十メートルずれただけで、騒音は意外なほど遠ざかる。その昔、銅街道と呼ばれた旧道には走る車も人影もなく、鳥のさえずりだけが、のどかに響いている。

利根川の川岸までは二百メートルほど。かつては、そこからでも水面が見えたのかもしれないが、現在は旧街道の突き当たりで高い土手が視界を塞いでいた。

警官隊の立ちはだかる銅街道。瞼を閉じ、一世紀前の〝その日〟を思い浮かべると、いつしかその図柄は、ゲートに塞がれた福島県浜通り地方の寒々しい光景へと重なってゆく。

原発事故で流浪の民となった立地町民自らによる〝ふるさとの自叙伝〟——。三年余の月日を費やして、その断片となることばを追い求めてきた私の営みは、振り返ればこれもまた、ひとりの古老による「ことば」に導かれたものだった。

第一章　三十一文字の予言

1

大熊町の短歌教室は楽しかったね祐禎《ゆうてい》さんありがとうさようなら

二〇一三年四月八日、朝日新聞の短歌投稿欄『朝日歌壇』にそんな作品が載った。

作者は半杭螢子《はんぐいけいこ》という六十代の主婦。東日本大震災による原発禍でふるさとの福島県富岡町を追われ、以来、元公務員の夫とふたり、東京都内の借り上げ住宅に暮らしている。

半杭はこの入選歌で、懐かしい「先生」との死別をうたっていた。その昔、隣町の大熊で彼女に短歌の手ほどきをした人だ。

福島県歌人会の会長を務めるなど、郷土では知られた存在だったこの人物・佐藤祐禎は、やはり着の身着のままで家を出てまる二年が過ぎた三月十二日、避難先のいわき市で八十三年の人生をひっそりと終えた。

その葬儀には、私も参列した。私の知る佐藤は、いわきでの最晩年の姿でしかなかったが、半杭と同様に私もまた、その生前の厚意に謝意を告げるべき立場にいた。

福島の被災者に、原発の町に生きる不安を詠み続けてきた農民歌人がいる——。

震災直後の初夏、私はまさにこの半杭から〝ユウテイさん〟の存在を教えられ、彼と出会い、福島へと通うようになったのであった。


「三・一一」の呼び名で時代に刻まれたあの日、私は神奈川県の自宅にいた。その夜は横浜である路上生活者と会い、もうひとり彼の友人も交えて食事をする予定になっていた。穏やかな昼下がり、私は約束の時間までに短い雑誌原稿を書き上げてしまおうと、二階の一室でパソコンのキーボードを叩いていた。

築四十余年になる木造の家屋は、倒壊の危機を本気で感じさせるほど、情け容赦なくきしみ、揺れ続けた。私は机の両角を握り締め、胃の痛むような何分かを耐え忍んだ。やがて、じんわりと安堵の熱が体に染み渡ってゆく中で、脳裏にふと、夜の会食のことが浮かんだ。

気がつけば、テレビのテロップは県下の交通網が麻痺状態にあることを伝えていた。約束の相手に貸し与えてあるプリペイド携帯は、何度通話を試みてもつながらない。

ただならぬ事態の広がりを察知した私は、再びパソコンに向かうこともなく、吸い寄せられるようにテレビの前で座り込んでいた。

そして、震源地・東北にもたされた災禍が、けた外れの規模であることが、押し寄せる断片情報で浮き彫りにされてゆく。

固定カメラで市街地を映し出す〝お決まり〟の初期画面はいつしか、断末魔の地獄絵図に取って代わられた。漆黒の闇の中でおびただしい炎が燃えさかる空撮の映像。巨大な津波に町ぐるみ飲み込まれてしまったのか、一切の音信が途絶した、と繰り返し伝えられる自治体の名……。

まるで、パニック映画のように現実離れした情報の連続に、夜が更けても、夜空が白み始めても、私はテレビのスイッチを切ることができなかった。

ちょうどこの数日前、私は『ホームレス歌人のいた冬』（東海教育研究所刊、のち文春文庫）という、自分にとって二冊目の著作となる原稿を書き上げたところだった。

朝日歌壇への投稿で空前の反響を巻き起こし、九ヵ月間の活躍を経て消息を絶った謎のホームレス。その痕跡を探し求め、投稿ハガキの〝消印の街〟横浜のドヤ街に通い続けた体験記だった。

この日の約束には、その過程で世話になった路上生活者に謝意を示す意味合いもあったのだが、会食はなす術もなく、立ち消えになってしまった。

数日ののち、私は跡かたもなく破壊された宮城県名取市の海辺に立ち尽くしていた。三月から四月、そして連休明けにかけ、私は半ば職業的責務として被災地の状況を活字で伝えるべく、繰り返し車を駆り、東北へと向かった。

被災三県の短歌愛好者を訪ねる、という或る週刊誌の企画は、こうして南北の往来を重ねる中で持ち上がったものだ。もともと短歌に関しては〝ド素人〟にすぎぬ私だが、前年来、ホームレス歌人の本を書き上げる過程で、この三十一文字の表現に底知れぬ力があることを、いまさらのことながら学んでいた。

さまざまな感覚を研ぎ澄まし、自らの内面と観察とをギリギリの語数に凝縮する。そんなことばの結晶としての短歌には、大津波や原発禍という未曽有の出来事に際しても、マイクを向けられて発する受け身のコメントとは、まるで違う濃密さがあるはずだ。私はそう確信して、被災者自身による歌を探すことを思い立ったのだ。

私が新聞の短歌投稿欄に半杭の名を見つけ、ノートに写し取ったのは、そのような流れでのことだった。

避難所のおにぎり一つの朝食に我も加わる長蛇の列に

ふるさとは無音無人の町になり地の果てのごと遠くなりたり

半杭の入選歌は当時、毎週のように朝日歌壇を飾っていた。

面談はほどなく実現した。最初は半杭の避難先に近い都内の喫茶店。約半月を経て、岩手から宮城、福島へと南下する旅の終わりにも、私は郡山市で半杭と落ち合った。再会時の彼女は夫とふたり、全身を真っ白な防護服で覆い、続々と貸し切りバスを降り立ってくる集団の中にいた。

「家にカギをかけないまま避難して来たので、泥棒に遭わないか、ずっと心配だったんです。行ってみたらウチは大丈夫でしたが、荒らされた家もずいぶんあったみたいです」

震災の翌日に家を飛び出して三ヵ月余り。原発二十キロ圏内の自治体住民にようやく一時帰宅が認められ、半杭夫妻もまた、久しぶりに富岡の自宅に約二時間の訪問を果たしたところだった。ゴーストタウンと化したふるさとの光景に、やるせなさを漏らしつつ、気がかりだった家の状況を確かめた安堵感からか、夫妻の表情は比較的落ち着いて見えた。しかし後日、半杭から手渡された短歌には、そんな上辺だけの観察ではうかがい知ることのない深い哀しみが詠まれていた。

「ただいま」と主なき家に声かけるなつかしき匂いにこえあげて哭く

私が佐藤祐禎の名を初めて聞いたのは、このようにして半杭とさまざまなやり取りを交わす中でのことだった。その避難先は当時まだ、彼女もつかめずにいたのだが、しばらくして私は、佐藤が所属する短歌結社からいわき市の連絡先を得ることができた。

東京の図書館で佐藤の歌集を見つけ出し、ひもといたときの衝撃は、いまもまだ記憶に生々しい。引き込まれるようにページを繰り、最後の一首にたどり着いたとき、私は悪寒に似た戦慄が背筋を駆け抜けるのを感じた。


いつ爆《は》ぜむ青白き光を深く秘め原子炉六基の白亜列なる

震災の七年前に編まれたにもかかわらず、この歌集はまさに〝予言の書〟と呼ぶ以外にない作品集であった。最後の一首から採られた『青白き光』というタイトルは一九九九年、ＪＣＯ東海事業所事故の際、作業員が目撃したという光、原子炉が臨界に達したときに見られるというチェレンコフ光に由来している。

目のくらむような閃光とともに、いつの日かこの施設は吹き飛んでしまう……。

身近に約四十年、当たり前のように存在してきた原子炉のある風景に、そんな不気味な予感を抱きつつ、この古老は先祖伝来の地を耕していたのである。

以来、私はいわき市に通い、佐藤を訪ねるようになった。

家人が出払った日には、借り上げアパートに上げてくれることもあったが、佐藤は私と家族との接触を好まず、たいていの場合、面談はいわき市内の飲食店や仮設住宅の集会所で行われた。そのころはまだ、健康上の問題は見てとれず、佐藤自らが軽トラックのハンドルを握っては、私をいわき駅前まで迎えに来てくれたものだった。

いざ顔を合わせると、生身の佐藤から受ける印象は、想像とはまるで違っていた。後日、いくつかの新聞に〝反原発歌人〟として佐藤を紹介する記事が現れるが、そうした描き方はあまりにも安易で一面的なレッテル貼りに思えた。

「私はナマクラの反原発なんですよ」

実際、私とのやり取りがそちらに傾くと、佐藤はそのたびに自虐的な表現で話を遮ってしまった。

町の大勢に公然と反旗を翻す反原発農民。そんなくっきりとわかりやすいキャラクターは、彼のつくり出す作品世界にしか存在しなかった。

地元で佐藤を知る大方の人々も、震災でその歌集が注目されるまで、佐藤がそんなメッセージ性の強い短歌を詠んでいようとは、思いもしなかった。佐藤に言わせれば、自分の短歌作品に目を通すような〝文人肌〟の住民は、もともと大熊では皆無に等しかったという。

現実の佐藤が〝もの言わぬタイプ〟だったわけではない。性格はむしろその真逆で、ずけずけと持論を展開する能弁さや押し出しのよさ、豪放磊落《らいらく》さこそが、佐藤祐禎その人であった。

五十代から始めた短歌の世界では、歌仲間をまとめ上げる統率力や行動力が認められ、県歌人会の事務局長や会長を歴任した。大熊でも議員バッジこそつけていないものの、その存在感はまさに〝名士〟のひとりであり、さまざまなイベントの開催や助成金の獲得に奔走する文化活動のリーダーであった。

大熊に反原発派の住民はいない――。

佐藤は自らの存在も含め、大熊の実情をそう語った。

私は佐藤との出会いをきっかけに、以後、百人以上の大熊町民と知り合うことになるのだが、そのほとんどが同意見だった。

原発への疑念や不安をあえて口にして、無用な摩擦を引き起こすべきではない。佐藤にしてみれば、日常生活でのそんなスタンスは、原発の町で円満に生きてゆくために不可欠な処世術だった。

かといって、本心を偽って生きてきたわけでもない。一方で佐藤は、そう釘を刺すことばも忘れずに付け加えた。相手にもよるが、言うべき場面ではしっかりと意思表示をしてきたつもりだと。

実際、佐藤を熟知する現大熊町長の渡辺利綱は震災前、町なかで佐藤を見かけるたびに「原発は大丈夫ですから」と、なだめすかすように声をかけてきたという。

短歌講師として東電に招かれ、当時の第一原発所長から「お名前はお聞きしています」と意味ありげな挨拶をされたこともある。入念な〝地元対策〟を積み重ねてきた東電のこと、何食わぬ顔で佐藤の短歌作品もチェックしていたに違いない。

心の奥底では、町の大勢と立場を異にする懐疑派の一言居士。そんな微妙な佐藤の立ち位置は、『歌集　青白き光』の作品にも見てとれる。

原発を言へば共産党かと疎まるる町に住みつつ怯まずに言ふ

立場あるわれは人目を避くるごと脱原発の会の末席に坐す

原発がある故出稼ぎ無き町と批判者われを咎むる眼あり

しかし、これらの歌に描かれた実体験を具体的に聞き出そうと質問を重ねても、佐藤はことばを濁し、曖昧に答えを避けるのであった。そこには明らかに、地域の人間関係にひびを入れまいとする配慮がうかがえた。

佐藤には、こんな作品もある。

反原発のわが歌は為にするならず組織への勧誘の電話断る

ここで言う「組織」とは、反原発団体のことだ。

短歌という文学上の表現と現実の地域社会での身の処し方、かつてはイデオロギーと直結して見られがちだった反原発運動への距離を置いた共感……。

佐藤にとっての反原発は、そういった微妙な境界線上の問題であった。

自らを「ナマクラ」と呼ぶ理由には、総工費約十九億円にのぼる町文化センターの建設に関与した〝後ろめたさ〟も含まれていた。

自作の短歌では原発に依存した町の繁栄を嘆いてみせながら、町の文化団体連合会長を務めていた時期には、東電の補助を前提とした華美な〝箱モノ〟の実現に率先して取り組んだ。自らの言動にそういった矛盾、二面性があることを、佐藤は充分に自覚していた。

2

富岡町との境界に近い総戸数十九戸の集落。佐藤は小良浜と呼ばれるこの地区で、人生のほとんどの時を過ごした。戦後の合併で大熊町が誕生するまでは、熊町という村を構成する一地区であった。

原発ができる以前の双葉郡一帯は、福島県内で最も開発が遅れた地域とされていた。小良浜はその中でも辺鄙《へんぴ》な集落のひとつで、家々に電灯がともったのも大熊で最も遅かったという。

年の離れた兄が若くして病死してしまったため、佐藤は少年時代から農業を継ぐことを義務づけられていた。公然と親に逆らう勇気もなかったが、内心では、自らに与えられた運命を恨んでいた。

成人後の姿からは想像しにくいが、当時の佐藤はあまり目立たない、内気でひ弱な少年だったという。ただし、学業の成績は群を抜いており、小学校卒業後はひと握りの子供しか行けない隣町の旧制双葉中学に進学することができた。

彼の中学生時代はまさに、太平洋戦争と重なっていた。授業そっちのけで勤労奉仕に駆り出され、荒れ地の石を拾い、軍用飛行場を整備した。海沿いにある長者原という地名のその現場は、現在でいう大熊と双葉の両町にまたがっていた。のちに福島第一原子力発電所が築かれる場所だった。

中学卒業は、敗戦の数ヵ月前。級友の多くが進学し、地元を去る中で、佐藤は親に命じられるまま家に残り、コメ作りを継いだ。

「私は『堕農』でね。農業は嫌々続けてきたんですよ」

私との会話で、佐藤は何度となくそう漏らした。

とくに十代のうちは、学問への未練が断ち切れず、農作業の傍ら、毎晩深夜一時二時まで読書にふけったものだという。

郷土ゆかりの偉人・二宮尊徳が江戸時代、地元相馬中村藩の農業振興に尽くした歴史を知り、改心して農業に打ち込んだ時期もあった。集落の農業推進委員として補助金の獲得に奔走し、高台に水を汲み上げて地域の水田を広げたり、優良農家として県の表彰を受けたりもした。

しかし、そんな意欲も長続きはしなかった。

「なにしろ、まだ二十代の若造でしたから。でしゃばりすぎて年長の方々から生意気だと思われたみたいで。周囲のそんな雰囲気がわかるとまたやる気がなくなって、『堕農』に逆戻りです」

二十四歳で結婚し、一男二女をもうけた。地形に起伏があり、零細農家の多かった地元では農閑期、県外の建設現場に出稼ぎにゆく人が多かったが、佐藤家では幸いにも、妻が小学校の教員として働き続けたため、出稼ぎや兼業をする必要はなかった。

それでも、佐藤の心には常に〝生きがい〟への渇望が渦巻いていた。

三十代から四十代にかけては、小中学校のPTA活動に打ち込んだ。副会長や会長として親たちを動員、校庭に築山を造ったり、花壇を整備したり、PTAバレーボールチームの強化にも取り組んだ。農業そっちのけで学校に通う日々だった。

五十歳に近づくと、町議への立候補話が持ち上がった。PTA活動への献身はその布石に違いない、と周囲には思われていたし、佐藤自身もそのつもりでいた。しかし、いよいよ、というそのチャンスに、家族全員から猛反発を受け、温め続けていた野望ははかなくも砕け散ってしまった。

佐藤の胸に、再びぽっかりと穴が開いた。

『青白き光』のあとがきには、五十二歳にして短歌を学ぶようになった背景が、率直にこう明かされている。

《私は実は政治志向だった。ところが、私の猪突猛進の性格を危ぶむ妻と両親と子どもたちの、猛烈な反対に遭って断念せざるを得なかったのだ。家などは潰してしまうと言うのが一致した

見解だったのである。故にこれを忘れさせる何かが必要だった。》

たまたま参加した公民館活動で短歌の奥深さに触れ、佐藤は新たな情熱の対象を見つけた。持ち前の勝気な性格から、初心者扱いされることを好まず、参加した短歌会をほどなくして分かち、自身を中心とする新たな会を立ち上げた。

若いころからの読書の蓄積も役立ったのだろう。我流に近い始め方だったにもかかわらず、腕前は見る見る向上した。投稿歌人として高倍率の朝日歌壇に常連の座を得ると、今度はよりハイレベルな短歌結社に活動の場を移した。

佐藤の後半生はまさに〝猪突猛進〟の情熱を、短歌に注ぎ込んだ歳月であった。

何者かになりたい――。

中学卒業時に地元に取り残されて以来、自己実現の欲望と闘い続けてきた佐藤の人生は、このようにしてようやく満たされたのだった。

そんな傍らで、気がつけば大熊の風景は驚くべき変化を遂げていた。歴史上、大半の時代に辺境であり続けた寒村は、一九六〇年代後半、突如として原発建設という〝ゴールドラッシュ〟に見舞われたのである。

名誉欲や探究心に比べると、金銭的・物質的な欲求はさほど強くない佐藤だが、郷土の経済的発展は大歓迎だった。歌集のあとがきで、原発建設の話が降って湧いた当時、まだ三十代だったころの受け止め方をこう振り返っている。

《全く無知だったが故に、特に遅れている地方故に、経済効果という言葉に踊らされて両手を挙げて賛成した》

東海村や敦賀に次ぐ福島への原発建設は一九五〇年代、旧大野村・熊町村の二村合併で大熊町が誕生して間もなく、初代町長・小畑重の時代にその構想が持ち込まれた。地元での旗振り役となったのは、小畑町長のもとで収入役や助役を務め、六二年から計十七年、任期中に病没するまで二代目の町長として働いた志賀秀正だった。

若き日の佐藤は、この志賀を熱烈に支持していた。選挙のたびごとに、志賀の地元集落に通っては、票の切り崩しを防ぐ〝不寝番〟を買って出るなどした。

アメリカの水爆実験で「第五福竜丸事件」が起きたのは一九五四年のことだが、そのマイナスイメージを打ち消すかのように始まった原子力の平和利用キャンペーン、すなわち日本に原発を導入する動きに対しては、全国を見渡しても当時まだ、表立った反対運動は生まれていなかった。

しかし、静かな農村に、巨大施設を建設する槌音が実際に響き始めると、佐藤の中で少しずつ懐疑心が芽生えてゆく。きっかけとなったのは、建設労働者の立場で目撃した光景であった。

「アルバイトで地元の連中がみな、建設現場に行くようになったので、私も二ヵ月ほど働きに行ったんです。でも、本当にこれでいいのか、と思うくらい、作業はいいかげんでした。設計図ではぴったり合うはずの配管の合流部が実際には何十センチも食い違ってしまっている。でも現場では、急遽それを折り曲げて溶接し、辻褄を合わせてしまうんです。そんなことが当たり前のようにありました」

最新の科学技術の粋を集めた未来施設が誕生する——。

原発にバラ色のそんなイメージを抱いていた佐藤には、大きな衝撃であった。こうなると、持ち前の探究心が動き出す。自分なりに原子力関係の本を読み漁り、それこそ原子物理学の専門書に至るまで目を通した結果、佐藤は原発という技術の内包する危うさを確信するようになった。

しかしもう、歯車は大きく動き出してしまっていた。零細農家が疎《まば》らに集まるだけだった町に、一転して労働者が溢れ、駅前に飲み屋が立ち並ぶようになると、住民の歓喜に水を差すような主張はとても口にできる雰囲気ではなくなっていた。

そして、佐藤が短歌という表現手段を得たときには、原発の建設期はすでに過去のものとなり、隣町の双葉にはみ出して完成した第五、第六原子炉も、運転を開始して数年の月日が過ぎ去っていた。

歌集『青白き光』にはそれ以降、佐藤が諦観に似た心境で見つめてきた大熊の歳月が、思い出のアルバムのように切り取られている。


「この海の魚ではない」との表示あり原発の町のスーパー店に

町道の舗装は誰のお陰ぞと原発作業員酒に酔ひて言ふ

原発と町との共同看板がスピード出すなと立つ通学路

繁栄の後は思はず束の間の富に酔ひ痴るる原発の町

初対面の日から数ヵ月ののち、面会も数回を重ねた段階で私はふと〝生身の佐藤〟にこんな質問をぶつけていた。

——もし佐藤さんが「三・一一」の出来事を知ったうえでタイムマシンに乗り、二十年、三十年前の大熊町に戻ることができたなら、今度は実生活のうえでも反原発運動にかかわっているでしょうか。

私は佐藤の〝頑なな諦観〟を、なんとかして揺るがしてみたい、と思ったのだった。

しかし、佐藤は腕を組み、しばらく考え込んでいたものの、答えはやはり変わることはなかった。

「難しいでしょうな」

私の表情に落胆の色を見てとったのか、老歌人はこう付け加えた。

「自己満足でいいなら、私もそうします。でも、そういう色を出してしまったら、みんなから『ああ、そういう人なんだ』と思われて終わるだけ。むしろ耳を貸してもらえなくなってしまいます」

現実の佐藤はやはり、徹底したリアリストだった。

私は佐藤と出会う前、第一原発の未来を言い当てた人物として、自らの警告が無視された憤りがその胸中にあるものと想像していたが、当人と会って感じ取れたのは、すべての運命を受け入れたかのような哀しみだけだった。

借り上げアパートの一室で歌を詠み、短歌の教え子から送られる作品に筆を入れ、気晴らしに駅前の図書館へと通う。そんな暮らしになってからは、あれほど嫌いだった農作業に従事する人の姿にまで、うらやましさを覚えるようになったという。

二〇一二年の夏、病に伏せる直前の佐藤に会ったとき、彼が漏らしたのは、いわき市内に新居が完成し、間もなくアパートを出ることになった、という話だった。もはや生きている間に、小良浜の家に戻ることはない。どこか寂しさが滲むその面持ちから、私は佐藤がこの〝異郷の地〟で人生の幕を下ろす覚悟を決めたのだと受け止めた。

その少し前、佐藤から送られてきた作品には、こんな歌があった。


三十年帰り得ぬ町と標《しめ》張られいつしか町名も消えゆくならむ

3

二〇一一年、私は佐藤との出会いから間もないころ、いわき通いと並行して内陸部の会津若松市にも足を運ぶようになった。ここには大熊町役場の仮設庁舎が置かれ、大熊を追われた被災者の四割近くがまとまって暮らしていた。

人々はようやく体育館や旅館での集団生活から市内十二カ所の仮設住宅（当時は九カ所）、あるいは借り上げのマンションやアパートへと移動しつつあった。

この途方もない大災害の前で、メディアに属さない一記録者がなし得ることを考えたとき、対象とする地域はむやみに広げるより、絞り込んだほうがいい。佐藤との縁をきっかけに、大熊に焦点を当てたのは、その程度のぼんやりとした理由からだった。

ただ、放射能汚染が深刻な原発立地町、という特性から、この地域では昭和期に遡る〝前史〟がとくに重要な意味をもつことにはすぐ気づいた。

原発による繁栄とその崩壊――。

この町で起きた出来事は、未曽有の天変地異という話にとどまらない、半世紀にわたる人々の営みの帰結なのだった。

貧しい田舎町だったゆえに、リスクと抱き合わせの繁栄を受け入れ、結果として壊滅的な悲劇と遭遇してしまった。

突き詰めれば、この町を襲ったのは、「中央」に従属する「地方」ならではの出来事であり、住民の立場からすれば、そうした「ふるさと」のありようを見つめ直すことにこそ、体験から未来への指針を導き出すポイントがあるに違いない。

こうして、まずは行動ありきで始まった私の福島訪問は、芋づる式にそんな問題意識へと収斂していった。

私は首都圏に生まれ育った人間である。

大熊町はおろか双葉郡や福島県といったくくりでも、震災が起きるまで、この土地との接点は何ひとつなかった。それでも、視界を「東北」という大きさまで広げれば、私はその全体に強い思い入れを抱いていた。そのことは、自信をもって言い切れる。

私にとって、なじみのある「東北」は雪深い秋田の地であった。

昭和から平成にまたがる時期、二十代の新聞記者だった私は、三年の月日を秋田支局員として送った。自らの職業的な原型はほとんどが、この土地で形づくられたと言ってもいい。

世はバブルの絶頂期だった。経済的な指標から言えば、各地方都市においてもまた、史上最も豊かな時代だったと考えていいのだろう。

ただ、秋田をはじめとする〝田舎〟にしてみれば、その時代にもやはり、「中央」から取り残されてゆく焦りは大きなものだった。

自治体は競って村おこしや企業誘致に取り組み、過疎化や高齢化の潮流になんとか歯止めをかけようとしていた。全県の農協の大会では、高校を出て農業を継ぐ日本中の若者をすべて合わせても、トヨタ一社の採用者数に及ばない、という悲鳴のような報告がなされていた。私の同僚は、結婚難に苦しむ農村男性の実情を地方版の連載で掘り下げ、私もその続編を担当した。

地方が地方であるがゆえの苦悩は、高度成長期も当時も、そしてそれ以降も一貫して存在し続けているのである。

大都市に大量の労働者と食糧を供給し、経済大国日本の躍進を支えてきた東北の大地。

かつて深刻な社会問題と見なされた妻子を残しての出稼ぎは、当時すでに過去の物語であった。出稼ぎは、主たる収入源たり得る農業が地元にあってこその現象で、すでに農村青年の間では、さほど広くもない田畑の耕作は父母に任せ、最初から都会に出て働くことが当たり前になっていた。

いま思えば、全国に限界集落が広がってゆく前兆は、四半世紀前のこの時期からはっきりと顕在化していた。

その一方、月並みなもの言いだが、まだ多感な二十代の日に地方ならではの人情と触れ合えたことは、忘れ得ぬ体験となった。

赴任した直後は、秋田訛りが聞き取れず、支局の電話が鳴るたびにびくびくしたものだが、三年も経つうちには、農漁村に足を伸ばし「秋田市の人か？」と誤解してもらえる程度には、〝県庁所在地ふうの秋田弁〟を身につけていた。

口の重い東北人特有の障壁は、いったん壁を乗り越えると、驚くほど深い関係へと一変した。打ち解けた相手を訪ねれば、昼間からお茶代わりにコップ酒を振る舞われ、ふらふらになって話を聞くこともあった。行きつけの飲食店では、ひとり身の暮らしぶりを心配され、翌朝の食事まで持たせてくれた。

痩せ細る農村風景と奥深い人情の機微。秋田での生活を体験して以来、東北、ということばと抱き合わせに浮かぶのは、この三年間に形づくられたやるせなく、切ない感情であった。

だが、フリーランサーとして商業誌の世界に身を置くと、過疎や高齢化で変貌する地方の実情は、よほどのことがない限り、書く機会はなかった。

雑誌の購読者はほとんど、都市圏の人ですから……。

そんな身も蓋もないことばで、企画をはねられる経験もした。瑞穂の国としての日本の原風景がいま、私たちの時代に失われつつある。これほど歴史的に大きな地殻変動を、職業的に記録する手立てがないことに、私は鬱屈した思いを抱き続けていた。

そして二〇一一年、その東北が未曽有の大地震に見舞われた。

無数の惨劇をもたらした大津波は、防ぎ得た被害を検討する課題は残るものの、それ自体は避けがたい天変地異だった。

しかし、原発禍は別の話である。この壊滅的なリスクを内包する施設はなぜ、決まって低開発の「地方」に配されてきたのか。速やかな復興の展望が開けない背景にも、〝原発に代わる拠りどころ〟を容易に見出せない地方の実情が横たわっていた。

過疎や高齢化という極めて普遍的な「地方の問題」と、大規模な原発事故という国内初の惨事の根底には、実は重なり合う問題が少なくないように、私には思えたのだった。

事故原因の究明や被害の分析に関しては、科学や医学の知見に基づいた冷静な議論が何よりも求められる。

かといって、この事故にまつわるすべての検証を、専門家に丸投げしていいはずもなかった。

人々の営みと被災との関係、あるいは人々の内面にまつわる問題は、当の被災者自身の体験や感じ方を抜きに語り得ないからだ。そうした分野には、私にも果たせる役割があるように思えた。あなたたちはいったい何を経験し、そのことをいま、どう受け止めているのか——。その答えを当事者がとことん考え抜き、後世に語り残したなら、その重みはおそらく、先の大戦についての広島や長崎、あるいは沖縄の人々の証言に匹敵するに違いない。

そう考えたからこそ私は、長期に及ぶ福島通いを決意したのだった。

誤解してほしくはないのだが、私は「原発の町」の人々に過去の全否定を求めたわけではない。「あの土地で貧しさを克服する手段は原発しかなかった。ほかにどんな道があったというのか」と反発されるなら、それはそれでよかった。

しかし現実には、そんな場面にも出くわしはしなかった。大半の住民は首を傾げたり、うつむいたりしながら、口ごもるだけだった。

ただそれでも、一年目と二年目の被災者感情は目に見えて違っていた。二〇一三年の春と秋、つまり『望星』誌の連載終了から半年の時間を置いて歩き直した福島でも、人々が口にすることばは変化を見せていた。

いま思えば、それは故郷大熊が十年、二十年といったスパンでは復活し得ない状況になってしまった、という悲観的な認識が、人々の立場の違いを超えて共有されてゆくプロセスであった。

さらに年をまたぎ、二〇一四年春にも私は福島を回った。

人々の変化は、やはり同じ方向を指し示していた。

いつ、誰と交わしたやり取りであったかは、もう曖昧になってしまったが、まだ人々の認識が混沌と入り乱れ、日々の出来事に苛立ちをぶつけ合っていたころのこと、私は何人かの被災者とこんな話をした記憶がある。

もし、ある日を境にしてふるさとがダムに沈むなら、住民はその現実を否応なく、はっきりと認識するだろう。だが、目に見えない放射線によって土地と引き離され、じわじわと町の命が失われてゆく場合、故郷の喪失、という感覚はなかなかリアルには捉えられないものなのではないのかと。

それでも、被災から三年が過ぎ、大多数の住民は、悲しむべき大熊の近未来像を具体的に思い描くようになった。

あの日、自分たちのふるさとを襲ったのは、これほどに大きな出来事であった――。

その重みが皮膚感覚として、ようやく実感されてきたのである。

ここに至る歳月の長さこそ、人々が「生殺し」と呼ぶ原発事故特有の残酷さにほかならなかった。

第二章　二〇一三年秋、会津若松

1

羽織袴《はかま》をまといライフル銃を握る女武者の勇姿と、舞い落ちる桜の花びらに手を伸ばす洋装・日本髪の女性。旧会津藩が生んだ女傑・新島八重の姿に扮した女優・綾瀬はるかの澄んだ眼差しが、道ゆく人を見つめている。

無数の軒先に年初から貼り出されたＮＨＫ大河ドラマ『八重の桜』のポスターは、物語の進展に合わせて二種類となり、その数は春先にも増して商店街を埋め尽くしていた。

二〇一三年十月、震災から二年半の月日を経た秋。

私は約半年ぶりに会津若松市を訪ねていた。

山々に囲まれた歴史の町。大熊被災者の拠点となる仮設町役場は、被災後の春以来変わらず、市のシンボル・鶴ヶ城を目の前にした移転後の高校空き校舎に置かれていた。

その日、私は夜の帳《とばり》が下りるのを待ち、中心部の繁華街へと繰り出した。

目指す居酒屋には、すでに四人のメンバーが揃っていた。いずれも三、四十代の男女。顔なじみになって久しい役場職員たちだった。

「今度、一杯やりましょう」

以前から再三、そんなことばを掛け合っていたにもかかわらず、私たちが酒を酌み交わし、腹蔵なく語り合う機会は、知り合ってから二年越しのこの夜、ようやく実現した。

彼らこそ、私が会津若松で最初に接触した大熊被災者で、役場では復興プランの策定を担ってきた面々であった。

「若手の声を聞いてほしい」

二〇一一年の春、彼らは上司への、そんな〝直訴〟に打って出た。口火を切ったのは、柳田淳という当時四十歳の議会事務局員であった。

当初の避難先・田村市から翌月には会津若松市に移動したものの、職員たちは相変わらず、避難所に分宿する住民の対応に忙殺されていた。

展望が一向に開けない毎日に、若手から疑問が噴出した。

「町にはいま、〝未来〟を考える者がいない。町民に少しでも希望をもってもらうには、復興を考える専門チームが必要ではないのか」

疑問はそんな意見に集約され、柳田らは町幹部への直談判に及んだのだった。

「そうでしたね」

居酒屋で向き合った柳田は、遠い日を懐かしむような表情で、私の回想に頷《うなず》いてみせた。

要望は即座に受け入れられ、部署の壁を超えた復興構想検討委員会が六月に発足した。

意外にも、十二人の委員はすべて〝言い出しっぺ〟の柳田ら、役職のない若手に割り振られた。中にはその春に採用されたばかりの新入職員までいた。

比較的年長の柳田にしても、原発の一号炉が操業を始めた一九七一年の生まれだ。「原発の町」となる以前の大熊を知る者はいなかった。幹部らはそんな若者たちの情熱に、町の未来を託したのだった。

くせのある面々を束ねる委員長には、調整能力に長《た》けた三十六歳の保健福祉課職員、菅原祐樹が選ばれた。この夜の会合には、彼もまた出席してくれた。

「当初の議論では、罵《のの》り合いの一歩手前にもなったんですよね」

私が記憶を確かめると、一同から笑い声が上がった。

比較的線量が低く、帰還可能な区域から少しずつ、町を立て直してゆくか、それとも数十年の長期戦を想定して、町の外に拠点となる〝仮の町〟を築くのか――。

町長の渡辺利綱が「全員帰還」を旗印としたこともあり、結局は前者の方向で進むのだが、この議論はやがて町を二分する町長選の争点にもなって、その後も続いてゆく。

具体的な構想づくりでは、〝原発なき未来の大熊〟を支える代替産業が、議論の中心に置かれた。

原発では、定期点検の時期には、周辺作業も含め一万人もの技術者・作業員が働くが、単独でそれに匹敵する産業は見当たらない。複数の産業を組み合わせる前提で、その候補を手分けして探すこととなった。

カジノや米軍基地の誘致といった〝きわどい選択肢〟も含め、思いつく限りの可能性をふるいにかけ、構想は完成した。

《再生可能エネルギー関連産業、宇宙関連産業等、新たな時代を牽引する新産業》

《植物工場、養液栽培等の新しい農業》

報告書はそんな凝縮した文言で、未来の大熊のイメージを形にした。

しかし年が明け、民間委員八人も加わって、具体論となる「復興計画」をつくる段階に差しかかると、議論の方向は急速に変わってゆく。

結局、震災から一年半を経て正式決定した復興計画は、町民を「居住地を自ら選んで帰還を待つ」「町の指定した居住地で帰還を待つ」「大熊町に帰還しない」という三グループに分け、三者へのサポートを列挙する形式となった。

目の前のことでなく未来について語ろう――。

そんな〝そもそもの議論〟は縮小し、五年後を想定した〝より現実的な内容〟が中心に置かれた。当初の認識とは段違いに深刻な汚染の現実が、徐々に見えてきたためだった。

人々の感情も、変わりつつあった。

震災の年はただ、苛立ちだけが目立っていた。

いったい、いつまで避難は続くのか。仮設住宅と借り上げ住宅で支援内容に差があるのはなぜか。町役場が説明会を開けば、住民は声を荒らげて執行部を責め、町議らもことあるごとに吊し上げられた。

だが、そういった荒々しさは、年が明け、姿を消す。代わって浸透していったのは、無力感、諦めの雰囲気であった。

さらにその翌年、「震災二周年」を迎えた春の段階と、約一ヵ月の時間をとって臨んだ今回の「秋の旅」を比べても、その傾向は一段と進んでいた。

居酒屋での会合に先立ち、ある仮設住宅の敷地で行き合った顔なじみの町議は、声を落として私にこう漏らした。

「なあ、あんたはどう思う？　最近はもう、除染なんかやっても無駄なんじゃないかって気がしてしょうがないんだよ。どうせオレたちが生きてるうちには終わらないし、若い連中だって帰らないだろうしさ」

〝人一倍ポジティブな地域リーダー〟に見えていた彼でさえ、こんな弱音を吐く。その事実に私は愕然とした。

宴席の時点ではまだ未集計だったが、この十月、私の「秋の旅」とまさに同時期に、大熊の全被災者を対象とした町の意識調査が行われていた。

大熊に「戻りたい」とする町民は一月調査時の一一・三パーセントから八・六パーセントに減り、逆に「戻らない」とする割合は四二・三パーセントから六七・一パーセントに跳ね上がる。後日、私はそんな調査結果を知る。

放射能汚染土の中間貯蔵施設を大熊に集中して建設するプランが、この年に現実味を帯びたせいでもあったろう。わずか九ヵ月の間に、判断を保留していた町民の半数以上が雪崩《なだれ》を打つように帰還を断念していたのだった。

じんわりと肌で感じる人々の沈滞感。それは、町の再建を目指してきた彼ら役場職員ですら、例外ではなかった。

数日前、仮設町役場を訪ねたとき、メンバーのひとりは「恥ずかしいですけど、最近はテンションが上がらないんです」と漏らし、別のメンバーは会話の合間にふと、「『絆』なんてことばにも、うんざりしています」と自虐的に笑った。

会津若松に来た当初、町の将来像づくりを託された〝精鋭〟の若手十二人。しかし、そのうちの三人はすでに退職し、役場を去ってしまっていた。

——明るい展望を見出せない作業が、つらくなってしまったのでしょうか。

私は庁内で柳田をつかまえると、相次ぐ退職者についてそう尋ねた。

「個々の事情はわかりません。でも私は、それはそれで仕方ないと思ってます。変な話だけど、辞めていく人は、すっきりと吹っ切れた顔をしてますよ。誰がどう言おうと、結局は一人ひとり、それぞれの人生ですからね」

それでも、宴席で改めて顔を合わせると、この夜はひとりとして愚痴っぽい話をする者はいなかった。アルコールの力や陽気な〝場の雰囲気〟に助けられた面もあるだろう。

「見ててくださいね。やりますよ、オレは」

自らを奮い立たせるように、そんな気勢を上げてみせるメンバーもいた。

腹蔵なく——という集まりの趣旨からは少しずれた形になってしまったが、たとえ〝カラ元気〟にせよ、彼らの明るさには救われる思いがした。

四人の町職員。この夜の出席者を私はそう説明したが、正確にはひとりの肩書きは違っていた。つい最近、役場を去り、委員会メンバーとしては三人目となる退職者、つまりは「元」役場職員であった。近く茨城県に引っ越す予定だが、転職先はまだ決めていないという。

実は彼については事前に柳田に頼み込み、この席に呼んでもらったのだった。

――福島にいる危険性を奥さんが心配して、新しい生活を望んだの？

「いや、そういうわけでもないんですけどね……」

詳しい事情には触れられたくないらしく、返答は曖昧にぼかされてしまった。私も深追いはしなかった。確かめたかった〝本題〟は、そのことではないからだ。

――前から思ってたんだけど、実は私のこと、ずっと嫌ってましたよね？

私は単刀直入にそう尋ねた。

「え？　いや、そんなことは全然ないですよ……」

予期せぬ不意打ちに彼は目を見開き、大仰な仕草で手のひらを振った。

そんなはずはない。

過去二年、さまざまな問い合わせに応じてくれた彼だったが、彼のほうから口を開くことはまずなかった。雑談の輪に私が加わると、決まって気配を消し、中座してしまった。何より決定的だったのは、差し向かいで録音機を回し、聞き取りをしたときの反応であった。

たとえば菅原や柳田には、原発の安全性をＰＲする外部機関に出向した経歴があるのだが、それを振り返る表情には〝安全神話づくり〟にかかわった苦渋が滲んでいた。

しかし同様のキャリアをもつ彼は違っていた。オブラートに包んだことばの端々に「想定外の事故であり、東電に落ち度はない」という主張が見え隠れしていた。

だからあの日、私はあえて挑発したのだった。

――事故処理が決着したあとの大熊に再び新しい原発を建設する。安全性を高めれば、そんな復興プランも〝あり〟だと思いますか？

売りことばに買いことば。彼も明らかに意固地になっていた。

「はい。僕は別に、それでも構わないと思ってます」

こんな刺々《とげとげ》しい雰囲気で話が弾むわけもなく、聞き取りは尻切れとんぼに終わった。

聞けば、県外出身の彼の父親は、震災で会社を畳むまで、町内で原発の下請け会社を営んでいたという。だから、というわけではないかもしれないが、彼の目に私は、相容れない〝反原発ライター〟と映ったようだった。

しかし、改めて問い質《ただ》すと、彼は絶対に私を嫌ってなどいない、とかぶりを振り、強硬に言い張るのだった。私の雑誌連載には、さまざまな意見が取り上げられ、偏った印象を受けることはなかった。だから、書き手としての私のスタンスは評価していると。

だが質問を変え、マスコミは嫌いか、と尋ねると、観念したように彼は頷いた。すべての媒体ではないが、予断をもって筋書きをつくり、誘導しようとする印象を往々にして受けるからだという。

本音を吐き出して楽になったのか、質問が一段落すると、今度は彼が〝逆襲〟に打って出た。私へのことば遣いの注文であった。

「三山さん、『原発』って書くでしょう。あのことばはやめてほしいんですよね」

大熊では、ただの「発電所」で通じるし、普通の人はそう呼ぶ。「原発」という呼称は、反原発の活動家しか使わないイデオロギー的なことばだ、というのだ。

それは違うだろう……。私は大熊の感覚と世間一般のそれとの乖離を説きながら、かつて歌人の佐藤祐禎から、似た話を聞いたことを思い出していた。

「大熊では『原発で働く』と言う人は反原発派。肯定派は『東電で働く』と言います。ことば遣いで、その人の立場がわかるんです」

「発電所」か「東電」か、ふたりの説は微妙に異なるが、「原発」ということばに彼らが感じ取るニュアンスは共通していた。そう言われれば私自身、大熊被災者が「原発」と言うのをほとんど聞いていない。事故への憤りや不満を吐き出すときですら、多くの人はあの施設を「東電」「発電所」と呼んだ。

――私は原発の安全性や過失の有無をあなたたちと論じたいわけではない。現実問題として、いま、このような境遇に置かれている。そのことへの思いを聞くために、私は福島に通い続けているのだ。

説明を重ねると、言わんとすることは理解してもらえたが、彼にとって原発に異を唱える者への拒否感はもはや理屈でなく、生理的な反応に近いものだった。

結局のところ、彼自身の中でも、そういった感情と自らに降りかかった災厄との関係は整理されておらず、やり取りはなかなか噛み合わなかった。それでも最後には、私がそうやって話を聞くことを「ありがたいと思ってる」とまで言ってくれた。

「そのためにずっと私たちに会いに来る人は、ほかにいないですからね」

私への〝生理的な拒否感〟はいまもなおゼロではないはずだが、その彼が一方で私を認めてもくれていた。

被災者は何よりも、忘れ去られることに不安を覚えている。こそばゆい称賛に驚き、励まされながら、私はそう感じた。そして、たとえ迷走しようとも追い続ける、その行為自体が意味をもつことに、改めて気づかされたのだった。

2

会津若松の市街地から南西に外れた農道を直進し、ＪＲ只見線の線路際に固まる集落に分け入ると、細い路地の奥に隠れるようにして、その古寺はあった。

本堂の外観は風雪に色褪せ、廃寺を思わせるたたずまいだが、住職の居室だったのであろう左手の増築部はまだ、地区の児童館として利用されることがあるらしい。

寺の名は宝福寺。真言宗の古刹・金剛寺が会津盆地にもつ十四の末寺のひとつで、震災が起きて以来、大熊にあった唯一の仏寺・遍照寺がここに間借りしていた。

堂内には臨時に五つの書架が置かれ、五十柱ほどの遺骨が位牌や遺影とともに安置されていた。

「最初の年はとくに亡くなる方が多かったですね。やはり、避難生活のストレスです。震災までピンピンしていた高齢者が次々と亡くなりましたから。ここにある以外にも、仮設や借り上げのご自宅に遺骨を置かれている方もいます」

遍照寺住職の半谷《はんがい》隆信はそう説明しながら、「東電原発事故被災寺院復興対策の会会長」という長い肩書きの入った名刺を私に差し出した。

遍照寺は、奈良の長谷寺を本山とする真言宗豊山派の寺院で、大熊にはこの宗派の住民が比較的多い。避難区域に指定されている浜通りのエリア全体には、同じ豊山派や浄土真宗、臨済宗のたという。

寺が約十軒ある。とくに事故直後の混乱期、半谷は他宗派の遺骨も積極的に引き受けるようにし

「最近は大熊でも墓地の除染が進んできているので、ここから遺骨を移し、一時帰宅してお墓に納められる方も少しずつ出ています。ただその場合も、今後墓そのものをよそに移す事態があり得るので、遺骨は土に還さず、骨壺のまま納めるようお願いしています。二十年くらい前までは、大熊は土葬が多いところでしたから」

事故からまだ間もない時期、原発周辺に「二十年は住めない」という菅直人首相（当時）の発言が問題になったが、もはや大半の被災者は、〝安心して暮らせる大熊〟を取り戻すその日まで、それ以上の年数がかかるであろうことを覚悟している。

仮に放射線量は基準値以下に下がっても、四十年かかるという廃炉作業が継続するうちは、〝不測の事態〟への不安がつきまとう。汚染土の中間貯蔵施設を建設する問題でも、三十年後に県外に移す、という政府の約束を真に受ける人は、ほとんど見当たらない。

先に触れた意識調査結果を繰り返せば、「ふるさとに戻る」という町民は一割以下、三分の二の人々はもはや「戻らない」ことを決断していた。

帰還の日を仮に三十年後と考えても、そこまで遠い先の自分たちの状況を見通せる被災者はいるはずもない。三十歳で被災した人は六十歳となり、五十歳だった人は八十歳を迎えてしまうの

である。

改めて被災者と顔を合わせると、どうしてもそんな湿っぽい話になりがちであったが、それでも年輩の住民には、故郷に心をつなぎ止める〝最後の拠りどころ〟として、「先祖の墓」のもつ意味に言及する人が何人かいた。

そのことを告げると、半谷も大きく頷いた。

彼によれば、大熊ではそれぞれの集落のすぐ近くに墓地があり、普段から小まめに墓参りをする人が少なくなかったという。

「お盆やお彼岸には、それこそ共同で草刈りをしますし、田舎のことですからね。なかなか墓参りをしない人がいれば、『あそこの家は行っていない』なんて言われる空気がまだ残っていました」

近年は大熊でも地域の人間関係が薄れ、盆踊りが開けなくなったり、冠婚葬祭を簡素化したりする現象が見られていた。それでも、共同墓地の存在は近隣住民の重要な接点であり続けていたのだ。

「ただしもう、これからのことはわかりません。大熊に墓地を残し、よそから通って供養することも、可能でしょう。私は六十二歳なんですが、私の同年代、あるいは少し下くらいなら、あの土地への愛着もありますしね。でも、次の世代や孫たちの時代になってしまったらもう……。

よその土地で何十年も暮らしたら、墓への気持ちが風化してしまっても、不思議ではないですよね」

結局は一人ひとりが考えるしかないことだ。自らに言い聞かせるように、半谷はそう繰り返した。

新たな土地に墓地を移設する人は、否応なく増えてゆくだろう。あるいは寺に墓の管理一切を任せてしまう方式、遍照寺がこれまで手がけてこなかった「永代供養」を要望する檀家も、すでに現れているという。

そのようなさまざまな状況変化に対応できるよう、半谷は会津若松に仮住まいさせてきた遍照寺を、より利便性の高い場所に再移転させる準備を進めていた。新たな移転先は、双葉郡広野町だった。

いわきから大熊に墓参する際に、ルートのほぼ中間に位置する町。そんな〝地の利〟を考えてのことだ。現地には、小さな作業所だった建物と近くにある住居を、すでに確保してあるという。

そう、会津若松はもはや、大熊被災者が集結する〝最大の避難地〟ではなくなっていた。現在のそれは、浜通りのいわき市であった。

両市の避難者数が逆転したのは、被災から一年後の二〇一二年三月末。人々の移動はその後も継続し、二〇一四年八月一日のデータでは、会津若松の二千十七人に対しいわきは四千百七十一人と、すでに二倍を超えている。

初期のいわき居住者は、原発の事故処理や避難区域の除染作業にかかわる関係者が多かった。だがその後、会津若松にある大熊の小中学校から子供が卒業するタイミングで、その妻子が合流したり、あるいは年輩の被災者が希望していわきの仮設住宅に転居したりするケースが年を追うごとに増加しているのだ。

人々はなぜ、いわきを目指すのか。その理由は、大熊に似た冬の気候の穏やかさに加えて、従前から通勤通学や買い物など〝直近の地方都市〟として慣れ親しんできた土地柄にあるのだという。

一部では、蓄えを取り崩し、あるいは東電の補償金をまるまる充て、新居を購入する動きも目立つようになった。大熊ばかりでなく周辺町村の被災者も集まるいわき市内では、そのために住宅地の不足や地価の高騰が顕在化していた。

都市住民にはイメージしにくいことなのだが、農村を故郷とする彼ら被災者の大半にとって〝我が家〟と呼べる心休まる空間は、一戸建ての持ち家だけだった。仮設住宅はもちろんのこと、賃貸のマンションやアパートでも、それらはやはり落ち着かない〝仮住まい〟でしかなかった。

だからこそ先行きが不透明な立場にありながら、ときには補償金を使い切り、あるいは不足分をローンに頼るようなパターンも含め、新居を購入する動きが相次いでいるのである。

あまりにも経済的に無理をする買い方は論外だが、宅地や家を取得する被災者の増加そのものは、半谷の目に好ましく映っていた。どこの土地を選ぶにせよ、定住に踏み切る決断は、新たな人生を切り拓く第一歩になる、と考えるからだ。

「うちの檀家でもすでに一割強の方は、いわきに家を買ってます。どこかに落ち着いたほうが、気持ちは前向きになる。そのことは、はっきりしてますよ。これ以上、宙ぶらりんのまま、もやもやして年齢を重ねても仕方ないですから」

しかし考えようによっては、町外に家を買ってしまうことは、人々の心をより一層、ふるさとから引き離してしまう気もする。

「同じことですよ。三十年も経ったら、大熊町民の多くは入れ替わってしまいます。以前の大熊の姿に戻ることはありません。いまだって、県外に別れた子供や孫たちが福島の年寄りを訪ねても、福島産の食べ物には手を出さないですよ。県外にいれば、そういう感覚が当たり前になるんです。そんな若い人たちが、三十年後に大熊に住むと思いますか。どう考えても無理でしょう」

半谷にはむしろ、多くの被災者を仮設住宅や借り上げアパートに住まわせたまま、事態の進展を〝待たせ続けている〟行政の姿勢が腹立たしいという。

「国にしろ町にしろ、様子見ばかりしてますよね。延々と待たされる我々の精神状態は悪くなる一方です。蛇の生殺し状態ですよ。もはや避難民じゃなく、難民になってます。いまだってすでに遅すぎるけど、帰れないのなら帰れない、ということで区切りをつけ、一日も早く再出発できるようにすべきなんですよ」

会津若松を拠点に二年半、各地を飛び回り、自身も「疲れ切ってしまった」という半谷だが、話が遍照寺の将来に及ぶと、曇っていた表情にようやく明るさが戻った。

「ウチの場合、後継者ができたので、その点は救いになってます」

そして半谷は、仏教専門紙の記事だという一枚の切り抜きを取り出した。

《大正大学で初の仏前結婚式、夫婦でお寺再建誓う》

そこには、半谷の長女が一年余り前、仏教を学ぶ大学院生と結婚式を挙げたことが報じられていた。相手の男性は、婿養子として遍照寺の後継住職になることにも同意してくれているという。

「この彼も、実は被災者なんですよ。石巻の実家が津波でやられている。それでも、ウチの寺を継ぐと決めてくれました。ありがたいことです。私はもう、こんな感じで最後まで走り続けるしかないですけど、将来はまた、彼らが寺をもり立ててくれるに違いない。そう考えられるようになり、ホッとしています」

広野の地に正式な寺を築くのか。それとも、大熊の避難区域指定が解除されたあと、旧来の寺を修復して使うのか。具体的な将来像はまだ、一切が白紙だが、そういった問題はもう、半谷の不安材料ではなくなっていた。

「大熊町を記憶するシンボリックな意味合いで、寺の建物だけはあのまま残してもいいかな、なんてことも考えます。その場合は、中間貯蔵施設の間を縫うように行かなくてはなりませんけどね」

県内外に分散して、心の拠りどころを求める年輩の大熊被災者たち。菩提寺の住職として、彼らの安寧を願う半谷の多忙な日々はまだ、しばらく続いてゆく。この日は、間借りする宝福寺の本堂で小さな法要をひとつ済ませたあと、また次の仏事のため、数時間かけていわき方面に向かうのだという。

録音機の電源を切り、私が面談への謝意を告げるとすぐ、半谷は会釈をして立ち上がり、身支度のため別室へと慌ただしく消えた。

3

被災直後には四千人を超えていた会津若松市の大熊被災者は、二年半の間にほぼ半減した。転出者の多くは、雪深い会津から再び温暖な浜通り地方を目指し、その北部で双葉郡と境界を接するいわき市へと移った。

だが中には少数ではあるが、会津若松周辺に宅地や家を買い、この地に根を下ろす人もいる。そう言って、隣人の佐々木百合男のことを教えてくれたのは、市内中心部・東部公園仮設住宅で以前から顔なじみになっていた被災者であった。

六十歳で被災した佐々木は、十人ほどの社員を雇用して原発関連の板金会社を営んでいたが、震災によって廃業に追い込まれてしまった。廃炉作業とは直接かかわらない業種だったためだ。そして一年余り前、会津盆地の南西部に空き家と農地を買い、自然豊かな環境で晩年を送る選択をした。

会津美里町にある彼の古民家は、すぐに見つかった。

「見てください。この部屋は私の手づくりなんですよ」

招き入れてくれたリビングには、ダイニングテーブルふうの囲炉裏が据えられていた。壁には何種類もの釣り竿が架けられ、盆暮れや連休に遊びに来るという娘一家の写真も、目につくように飾られていた。

「この土地は仕事をするには不便だけど、さすがにもうこの年でしょ。家は二十年くらいもてば充分だし、残りの人生は好きなことを自由に楽しみたい。その点では最高の場所ですよ。もともと畑いじりは好きでしたし、あとは山菜採りをしたり、魚釣りに行ったりね。昨日も山でキノコを採ってきて、冷凍庫いっぱいに詰め込んであります」

大熊でもアウトドア派だったという佐々木は、この家を手に入れて以来、充実した〝第二の人生〟を満喫しているのだとにこやかに語った。

ただ当然のことながら、その暮らしは長く思い描いていた老後と同じではなかった。

会社を娘婿に譲り渡し、そのうえで余生を悠々と楽しむ。佐々木はそのつもりで、娘婿を五年前に会社に呼び寄せていた。娘一家は富岡町に居を構え、大熊の自宅には代々独身社員も住まわせていたことから、震災まで、佐々木の周囲から賑わいが絶えることはなかった。

しかし、娘一家は震災以後、名古屋に去り、娘婿は現地で再就職をした。社交的な妻は住民有志で被災者用の売店を営むなど、大熊の仲間との交流に忙しく、仮設での暮らしをまだ離れようとしない。

佐々木はすでに会津美里町に新しい友人ができ、ゴルフを楽しんだり、互助と交際を兼ねた昔ながらの親睦会「無尽」に入ったりしている。そう楽しさを強調するのだが、基本的にこの新居では、ひとり暮らしだった。

遍照寺の半谷住職から「被災者は新たなスタートを切るべきだ」という話を聞かされている私の目に、佐々木の〝踏ん切り〟はそれでも、その典型例に映った。

いつまでも中途半端な〝待機状態〟で燻《くすぶ》っていても仕方がない――。

そんな住職の意見を伝えると、佐々木も大きく頷いた。

「やっぱり仮設は狭いんですよ。昼間からカーテンを閉め、電気を点けっ放しにする生活だと気が滅入ってくる。隣近所、みんな知ってるんだけど、知ってるからこそ気づまりなところもあるんです。女の人と違って、男同士はもともと挨拶程度の関係でしょ。息苦しくなっちゃって、間がもたない。いらいらしてくるから、女房と喧嘩もしますしね」

佐々木にとって、大熊は〝第二のふるさと〟であった。生まれ育った故郷は岩手県の岩泉町。実家の両親は町の中心から一時間ほど離れた山あいの集落に暮らし、農業と炭焼きを生業としていた。

二十代前半まで地元で家屋の屋根を造る職人をしていたが、やがて冬場の出稼ぎをきっかけに首都圏に移り住み、横須賀の火力発電所でその板金の技術を生かすようになった。福島第一原発の建設には二号炉からかかわり、それを機に大熊に移住。そして同郷の女性と家庭をもち、自らの会社を立ち上げたのだった。

――廃業後、いっそ岩手に帰ることは考えなかったのですか？

「実家は兄貴が継いでますし、向こうはこっちよりもっと環境が厳しいですからね」

――それは仕事がないことや、過疎や高齢化の意味で？

「そうです。こっちのほうが病院だって近くにありますし、普通に暮らすなら、まだずっと楽ですよ」

それにしても、多くの大熊被災者がいわきを目指す中、なぜ佐々木は会津に落ち着くことにしたのか。しかも会津若松市内でなく、あえて農村部に。

「会津の人は情が厚いというか、気に入ったのは、そういう点ですね。でも若松の町なかだと、難しさもある。地元の人と飲む機会があって教わったんですけど、雪かきをするにしても、お前んちの雪だとか、そういう揉めごともあるらしいですよ。トラブルになってしまったら、よそ者に勝ち目はないですからね」

「その点、会津美里町は広々としていて、住宅も町みたいに立て込んでない。それに、ここでは町長さんが我々を歓迎してくれるんです。過疎の町ですし、空き家もたくさんある。町営住宅に一世帯でも二世帯でも住んでくれるとありがたいって、町長自らパンフレットを持って来ますよ。実際、会津美里にはほかにも何軒か、大熊の人がいます」

一人ひとりの自立には、町民がばらばらになる、という悩ましい側面もある。

「それはそう。最後にはみんな、散り散りになってしまうでしょう。こればっかりはどうしようもない」

佐々木は復興云々よりむしろ、不遇な高齢者の問題にこそ行政は力を入れるべきだと強調した。大熊では子や孫と同居したり、子供世代と近くに暮らしたり、そんな大家族的な老後が一般的だった。しかし、今回の被災以後、少なからぬ高齢者が孤立してしまった。

実際、仮設住宅を見て回れば、いざというときに救急車を呼んでもらえるよう、玄関先に非常灯を取りつけている独居老人や高齢夫婦の多さに気づかされる。

佐々木は、やはり会津美里町に定住したある主婦の奮闘ぶりを教えてくれた。大熊の原発作業員に嫁いだ詹旭恵《ザン・シューホェ》という台湾人女性で、仮設で病に倒れた独居老人を会津若松で入院させ、さらには退院後に入居できる老人ホームを見つけようと、献身的に動き回っているのだという。

「彼女はまったく個人的に頑張っているんだけど、そういったことをこそ、いま役場がやるべきだと思うんですよね」

後日、私は佐々木の家で、この女性と会うことができた。日本語は片言だが、バイタリティー溢れる五十二歳の〝肝っ玉母さん〟であった。

「私はね、いまは入院してる婆ちゃんひとりの世話しかしてないけど、仮設にいたときは十人くらい面倒を見てたよ。家族でも親戚でもないよ。でも、可哀そうじゃん。ほっとけないよ」

彼女が最近まで住んでいたのは、会津若松の北東部外れにある仮設住宅で、当初こそ若い入居者も少なくなかったが、一年、二年と時が過ぎるにつれ、若い世代が去り、独居老人が目立つようになった。しかも、避難生活のストレスのためか、一気に病弱になる人が多かったという。

詹旭恵は、そんな具合の悪そうな独居老人を見つけては、自らの車に乗せ、病院に連れて行ったり、あるいは買い物などの用足しのため、ドライバー役を買って出たりした。仮設にいた二年ほどは、毎日のように老人たちのサポートに追われていた。

「日本人は冷たいね。わかってても見ないふりをする。役場だって時間外は何もしてくれない」

被災者がまだ救援物資に頼っていた被災直後には、動けない高齢者の分も持ち帰ろうとして、何度となく配布所で係員と口論になった。

だが、そのように面倒を見てきた高齢者も、すでに四人が他界してしまった。身内でも福祉関係者でもない彼女だが、最期を看取った人として、病院から遺体の引き取りを頼まれたり、葬儀の費用を立て替えたりしたこともあったという。

傍らから佐々木が説明した。

「彼女は強いからね。役場に電話するときもガンガン言う。そうするとやっと役場も動くんだ。でも、こういう性格だと、いろいろ誤解もされるんだよ」

独居老人に取り入るのは、何らかのよからぬ打算があるからに違いない……。その手の誹謗中傷である。

「関係ないよ。日本人はね、あとですぐお礼を渡そうとする。これ、よくないクセ。旭恵は絶対、受け取らないよ。人を助けるとね、自分の子や孫にいいことがある。でも、お礼を受け取ったらそれがなくなるの。私はそれを信じてる」

こうした彼女の行動は、震災前からのものだった。そのきっかけは二十年ほど前に来日した直後、周囲とまだなじめずにいた時期に、優しくしてくれた近所の高齢者との交流だったという。

「遠いところから来て寂しいだろ、お茶飲みに来なって言ってくれてね。ジーンとしたよ。そのお婆ちゃんは死んじゃったけど、それから年寄りの友だちが増えてったの。年寄りは素直だからかわいいね。もうあっちに行くのが近いからかな」

そう言って、豪快に笑い声を上げた。

認知症で徘徊する近所の老人を自宅に住まわせたこともある。これには、原発作業員の夫も悲鳴を上げたという。

「仕事から帰ったら、その爺ちゃんがいたからね。『なんだ、ジジイまで連れて来たのか、いいかげんにしてくれ』って。でも、その爺ちゃんはね、いい人なんだよ。ウンチしちゃってビックリして、自分で拭いて拭いて……。汚い手で拭くからね、家中クソだらけ。お爺ちゃん、拭かなくていいんだからねっていうと、ポロポロ泣いちゃってね」

行政は高齢者問題にこそ、力を入れるべきだ――。

そんな佐々木の考えには、詹もその通りだ、と頷いた。そして、〝仮設後の対応〟として福島県が進めている「復興公営住宅」を具体例に挙げた。

「普通の住宅じゃなく、老人ホームにすればいいじゃん。なんでそうしないの？　仮設に残ってる年寄りは、ほかに行くところがないから仮設にいるんだよ。可哀そうじゃん」

働ける年齢層の被災者のことはもういい。それよりも不遇な高齢者にこそ、行政は目を向けなければならない。彼らが直面しているのは一時的な避難生活でなく、もはや残された人生そのものなのだから。

佐々木や詹が言わんとすることは、そういうことだった。

4

会津盆地を見下ろす高台の閑静な住宅地。会津若松市街からは北東の外れとなる一帯は商店も疎《まば》らな地域だが、松長近隣公園仮設住宅はその一角の広大な敷地に造られていた。総戸数二百四十戸、大熊被災者が暮らす市内最大の仮設住宅である。

導入路から駐車場に差しかかるあたりに自助グループの売店があり、私が木幡《こわた》仁と出くわしたのは、その入り口近くでのことだった。

「おお、久しぶりだな」

この仮設で学習塾を経営する木幡は、二年前の十一月、町長選に出馬して現職の渡辺利綱に挑んだ元町議だった。別件で用足しに来た私は、彼の家に立ち寄って帰ることにした。

「会津若松に置かれている大熊の小中学校に教え子がいるうちは、自分もここで塾を続けてゆくつもりでいる」

選挙からほどないころ、そう語っていた木幡だが、小中学校とも学年が下がるにつれ、生徒・児童数は著しく減少しているという。〝耐用年数切れ〟が迫る仮設での暮らしは、いずれ切り上げねばならないが、移転先について木幡はまだ思案中らしく、「みんな何回も移動させられてうんざりしてるから、次回の引っ越しはもう、最後にしたいと願っているんです」と、ぼんやりした一般論を口にするだけだった。

実はあの選挙からしばらく、木幡と私の間には気まずい空気が流れていた。雑誌連載で選挙後に発表したルポ記事に〝渡辺に肩入れした内容だ〟という印象を抱いた木幡は、「お前とはもう話さない」と怒りをあらわにした。

私にしてみれば心外な抗議であり、強いことばで反撃したのだが、その後もずるずると会津に通い続けたおかげかもしれない。いつの間にかわだかまりは自然消滅し、穏やかに話ができる関係に戻っていた。

全町民で大熊に帰る――。あのときの選挙では、そんなスローガンを掲げる渡辺に対し、木幡は「帰れないことを前提に政策を立てるべきだ」と真っ向からぶつかり合う主張を繰り広げたのだった。

新聞記者時代に選挙取材を重ねたこともあり、一般に都市部以外の地方選挙では、政策より地縁血縁や資金力がモノを言うことを、実体験として私は学んでいた。

しかし被災からまだ半年ほどの時期、有権者が各地に散る状況下で行われたあの選挙は、〝選挙通〟を自任する人や、同日選で行われた町議選の候補者たちですら「票読みがまるでできない」と頭を抱えるほど、異例なものだった。

大方の農村部と同様に、大熊の政治風土も基本的には保守である。

渡辺が無投票で初当選した二〇〇七年以前を振り返っても、町政施行後の五十三年間に町長を務めた人物は四人しかいない。とくに二代目の志賀秀正と四代目の志賀秀朗は親子で町長職に就き、ふたりの在任期間を足し合わせた年数は、実に三十七年間に及んでいた。

息子・秀朗の任期は五期二十年。本人は六選にも意欲的だったと言われるが、末期には失明に近い状態まで視力を失うなど、老齢による健康問題が取り沙汰され、さらには有力町議だった渡辺が保守系の主要な支持層を次々と切り崩す動きを広げたため、最後には引退に追い込まれたのだという。

こうして、志賀親子以来の保守地盤を不戦勝で手に入れた渡辺に対し、木幡のほうは前回、定数ギリギリだった町議選に名乗りを上げ、無投票で初議席を得た新人町議にすぎなかった。

親類縁者の多さ、という点では、両者とも引けをとらない旧家の出身だが、地元政界におけるポジションでは、渡辺の〝重量感〟が上回り、「普段通りなら、勝敗は明らか」（渡辺支持者）という取り合わせだった。

しかし、原発事故半年後に迎えた戦いは、誰の目にも「普段通り」ではなかった。選挙事務所の設営や出陣式の動員、「必勝ビラ」の飾りつけなど、〝陣構え〟では渡辺が明白な力量差を見せたにもかかわらず、票の出方は最後まで闇の中だった。

結果は、渡辺の三千四百五十一票に対し、木幡は二千三百四十三票。

「普段通り」の票読みをベースに考えれば、やはり現職の〝辛勝〟と言わざるを得ない選挙結果だった。

「批判票の重みを分析したい」

渡辺の当選挨拶にも、その思いは滲んでいた。

木幡には、出馬表明が選挙間近になるという準備不足も影響した。若き日に東北大工学部に在籍して、成田闘争など学生運動にかかわった経歴をネガティブに流布されたことも、大熊の保守風土ではマイナスの作用があったかもしれない。

それでも、「もう帰れないことを前提に考えよう」という木幡の主張は、震災からまだほどない時期だったにもかかわらず、人々の予想を上回る共感を獲得したのだった。

「もうひと月、投票日が遅ければ、結果は違ったかもしれない」

渡辺事務所で当選祝いをする人々の中からでさえ、そんなことばが漏れ聞こえた。

二〇一一年は苛立ちの年だった。私は先にそう説明した。実際、この町長選の少し前、主立った役場の幹部らが首都圏や県内各地で行政懇談会を開催したのだが、出席した被災者たちからは町政への激烈な批判が相次いだ。

そしてやはり、「帰還が無理ならば、そう認めてほしい」と詰め寄る発言は、どの会場でも真っ先に飛び出したものだった。

もちろん、異論をもつ住民もいて、そのような意見に「お前は町を売るつもりか」という野次も聞かれたが、それでも帰還を疑問視する声は、それ以上に目立っていた。

その一方、帰還に固執する声は、人数は少数でも強固なものだった。選挙後の約二年間、「たとえ自分ひとりでも、大熊に帰り、自分の家で死にたい」と訴える高齢者の声が存在することを、私はさまざまな形で聞かされてきた。

しかし前回の訪問から半年ぶりに福島に来てみると、そういった〝帰還派〟の住民も、もはや一割を切ってしまっていた。

中途半端な待機生活から動き出し、新たな人生に踏み出してゆくべきだ――。

以前にも増して目立つようになったのは、そんな声だった。私が率直な印象を告げると、木幡は苦々しい表情を浮かべた。

「そのことを私は町長選のときから言ってきたんです。でも、あのときは、帰れるんじゃねえかって幻想をたくさんの人が信じ込んでいた。町役場の責任は大きいですよ」

ただ、改めて振り返ると、「帰れないことを前提に」という木幡の言い方にも、当時はまだ、ネガティブな響きを拭い切れなかった印象がある。

「そういうことを言う人は、もらうものをもらって出て行こう、というちゃっかりした立場。大熊への郷土愛がないんでしょう」

そんな表現で反感を示す人が一定の割合でいた。

その声はまた、帰還断念派を「もともとの大熊町民ではない連中」と決めつける見方とも重なりがちだった。実際には、木幡にしたところで、大熊に代々続く旧家の出身者であったにもかかわらず。

実際、原発の誕生期を境界線として、「それ以後の住民への不信感」をあらわにする旧住民のことばは、何度も耳にした。官民の委員が復興を話し合う席上、「自分は出て行くからあとのことは知らない」と言い放ち、憤激を買った東電社員の家族がいた、という話もそのひとつだ。

そのうえに、原発政策や東電の恩恵に対する意見の違いも重なって、住民の〝勢力図〟は複雑に入り組んでいた。木幡は選挙の際、東電から町役場に派遣されている職員の存在を激しく糾弾し、「加害者がなぜ、そこにいるのか」と非難したが、渡辺はその排除を頑なに拒んだ。

そういった相容れない立場の住民が三十年、あるいは四十年とも言われる原状回復への歳月を、避けがたい現実としてともに認識するまでには、感情的な要素がどうしても議論に入り込んでしまっていた。

町長の渡辺にしたところで、除染によって皆が帰還する、という目標の実現を楽観視していたわけではない。

「たとえ少数でも大熊に戻りたい、と考える町民がいる限り、最終目標を変えるわけにはいかないんです」

震災から一年余りが過ぎたころ、渡辺はそう強調する一方で、意外にも人々が待ち切れずに四散する可能性についても、あっさりと私に認めていた。

「現実問題として考えれば、町の解散、という事態もあり得るでしょう。十年、二十年とよその土地で暮らしてゆくことを考えればね。住めば都と言いますが、何年も暮らせば、その土地が新しいふるさとになるものです」

渡辺自身もまた、福島市などに会議で出かけたあと、会津若松に引き揚げて夜景を目にすると、「知らず知らずホッとしている自分に気づくんです」と打ち明けた。

「ですから今後、いろいろな場面で〝解散〟という選択肢も出てくることでしょう。これはもう、仕方のないことです。その時々で判断を下すしかありません。目の前に山があり、川があり、田んぼがある。それで初めて大熊町なんです。人々の歴史があって、生活があって……。それらがみな失われてしまったら、なかなかもう、難しいですよね」

それでも現段階でそれを言ってしまったら終わりだ、と渡辺は繰り返した。そして、〝ふるさとで死ぬこと〟に固執する高齢者たちの存在に、再び言及するのだった。

「それはもう、悲痛な声なんです。そういう方がいる限り、町に戻るということを、大事な選択肢として残さねばならないと思ってます」

渡辺のことばのニュアンスを改めてたどると、選挙に勝ち二期目に突入して半年後の段階で、「大熊への帰還」はいつの間にか町の旗印から、「選択肢のひとつ」へと、後退したことに気づかされる。

結果的に見れば、住民が被害の現実をありのままに認識するまでに、やはりある程度の時間は必要だったのではないか。そんな思いも残るのだが、いたずらに〝待機生活〟を長引かせず、「帰還できない前提での迅速な対応」を訴えた木幡の主張は、もはや大熊被災者の多数派が抱く感覚になっていた。

そしてまた、久しぶりの福島訪問で改めて感じたのは、高齢者たちが置かれた境遇の痛々しさだった。新たな人生に踏み出せる若さはもはやなく、来るべき「帰還の日」を生きて迎えられる見込みも限りなく小さい。

大熊の家で子供や孫たちと肩寄せ合い、土いじりをしたり、仲間と交わったりしながら過ごすはずだった穏やかな晩年……。彼らの人生設計はその終盤に来て一気に暗転してしまった。

木幡もため息をつき、大きく頷いた。

「我々はもう、元通りの人生を送ることは無理なんです。こんなはずじゃなかった、なんて考えたら、絶対にどん底から抜け出せない。この仮設にも、ひとり暮らしや老夫婦だけの家がたくさんありますよ。こうなった以上、事態がさらに悪くならないよう、方策を考えていくしかない。前向きとか復興とか、そういうことばを安易に使いたくないですけど、あるがままの現実を受け止め、そこから始める以外ないんです」

どうしても大熊で死にたい、という声には、どう対応するのか。

「それはもう、現実をわかってもらうしかありません。一人ひとりそういう高齢者を回ってどれだけ納得してもらえるか。損な役回りですけど、そういう説得こそ、選ばれた町長に課せられた仕事なんですよ」

木幡の携帯が鳴り会話が途切れた。仮設の室内を見渡すと、壁に掲げられた一枚のポスターが目に入った。足尾鉱毒事件にまつわるイベントを告知するものだった。

通話を終えた木幡にそれを指差すと、

「結局、教訓は何も生かされていないんですよね。このままだと、私たちも〝棄民〟になってしまいます」と、口元を歪めた。

そして、私への〝逆質問〟を返してきた。

「政府はなぜ、戻れない現実をはっきりさせ、そこから物事を動かそうとしないのか。あんたはどう思います？」

棄民ということばとその問いかけが重なって、私はふと、あることばを思い出していた。

私はかつて七年ほど南米に居を移し、昭和期の日本人移民や日系社会について調べていた時期がある。そのことばは戦後間もない時期、〝口減らしの過剰人口対策〟として、石だらけの不毛の地に送られたドミニカ在住の老移民が発したものだった。

「日本政府はただひたすら、我々が死に絶えるのを待っているんでしょうな。そうしたら国に文句を言う奴はいなくなる」

放射能汚染の深刻な被災地に、住民は果たして戻れるのか否か。どう判断を下しても騒ぎになりそうな微妙な問題は、結論を急がず、議論が〝自然消滅〟するのを待つほうが、国としては楽なのではないか。「帰還断念」という区切りをあえてつけ、再出発への仕切り直しをする、という木幡らが希望する政治判断は、火中の栗を拾うに等しい行為だと考えるかもしれない。

「そんなものですかね」

明らかに落胆した木幡の呟きを耳にして、いや、なんとなくそんな気がしただけのことだ、と慌てて私は付け加えた。

第三章　ふるさとに〝近くて遠い〟町で

1

常磐自動車道をいわき中央インターチェンジで降り、目の前の小高い丘に登ると、広大な工業団地の三カ所に大熊被災者の住む仮設住宅と町役場の連絡所が置かれている。

この日の目的地はしかし、その丘ではなかった。私はふもとにあるコンビニ前で知人女性をレンタカーに拾うと、彼女の誘導に従い、いわき市の外れにある山あいの集落を目指してアクセルを踏んだ。

「草野比佐男さんの奥さんに会いに行きますが、ご一緒にどうですか?」

二〇一三年十月、会津若松市に滞在中だった私は、三原由起子というこの知人から誘いを受け、急遽予定を変更して沿岸部のいわき市までやって来たのだった。

三原は、三十代半ばの若き歌人だ。大熊町同様に原発禍の避難区域となった浜通りの浪江町で生まれ育ち、大学進学時に上京、東京で結婚して現在に至っている。待ち合わせたコンビニの近くでは、浪江で被災した祖母が避難生活を送っており、前日にいわき入りした三原は、その祖母のいる借り上げアパートに泊まっていた。

私と三原が目指すのは、二〇〇五年に没したいわきの農民詩人・草野比佐男の家だった。山深い里にあるその家には、八十歳になる妻・満里子がひとりで暮らしていた。

大熊被災者の「ことば」を求めて悪戦苦闘する私には、三原は余人をもって代えがたい助言者であった。大熊の人でこそないものの、原発事故に襲われた故郷への思いを、自分なりの「ことば」で表現する限られた被災地出身者である。私は数ヵ月おきに彼女に長電話をすることで、もやもやと入り乱れた考えを、そのつど整理してきたのだった。

『歌集　ふるさとは赤』

数ヵ月前に郵便で受け取った三原の第一歌集には、そんなタイトルがつけられていた。

iPad片手に震度を探る人の肩越しに見るふるさとは　赤

表題の歌に詠まれたのは、あの三月十一日の情景である。外出先で行き合った人なのだろうか、三原はiPadで地震情報を確認する誰かの手元を覗き込み、地図上で赤色に塗られた地区を見て、家族のいるふるさとの惨劇を予感したのだった。

常磐線に乗るたび想う人のいてもう眺めることのできない景色

脱原発デモに行ったと「ミクシィ」に書けば誰かを傷つけたようだ

復興か逃亡かという地域にて生きるほかなし　いもうとのばか

浜通り／双葉郡／浪江町／避難民　憎しみ合って分かれてゆきしか

その後の折々の心情を描いた三原の作品は、私自身、大熊被災者とのやり取りの中で、その断片を拾い集めてきた無数の情景や感情と重なり合うものだった。

振り返れば、私と三原とのかかわりも、歌人・佐藤祐禎がその出発点だった。私が富岡の被災者から〝大熊の反原発農民歌人〟として佐藤の名を伝え聞き、その避難先を突き止めようとしていた同じころ、玉城《たまき》入野という三原の夫はひと足先に佐藤を訪ねていた。

「直接の面識はなかったのですが、とにかく安否を確かめたかったのです。そして、できるだけ多くの人に佐藤さんの作品を知ってほしいと思い、面会した直後に、ネットで作品を紹介させてもらいました」

後日、私にそう説明してくれた玉城はこの当時、短歌新聞社に勤務する社員編集者だった。佐藤祐禎の『青白き光』は震災の七年前、玉城のいる会社から刊行されていた。妻・三原由起子の故郷として浜通り地方を何度となく訪れ、彼女が原発に不安を抱くことも知っていた玉城は、この歌集には当初から、鮮烈な印象を受けていたという。

ほどなくして、玉城は自らの出版社「いりの舎」を設立、その第一号の作品として、今度は自身の手で『青白き光』の文庫版を復刻した。

東京から熱心に佐藤を訪ねて来る編集者の存在は、私もぼんやりと聞かされていた。そして、同じ農民歌人に魅せられた者同士、一度話をしてみたいと面会を求めると、待ち合わせた喫茶店に現れた玉城の傍らに、三原由起子がいた。彼らは夫婦ひと組で佐藤とかかわっていたのである。

どちらがどちらを巻き込んだのか、細々とした経緯は聞いていないが、玉城の行動は郷土への思いに駆られる妻の存在を抜きにしては、あり得ないものだった。

それから約二年を経て、私と三原がそれぞれに見つめる対象は、図らずも再び重なり合う。それは、すでにこの世にない人物、高度経済成長の荒波に蝕《むしば》まれる農村の叫びを詩や短歌、小説として残した表現者・草野比佐男だった。

私が草野の名を知ったのは、新聞記者をしていた二十代にまで遡る。当時、勤務する秋田の地で、私は草野の代表作『村の女は眠れない』と出会ったのだった。すでに発表から十数年が過ぎていたものの、この詩は東北の出稼ぎ問題を掘り下げれば、必ずと言っていいほどに、行き当たる文芸作品であった。

《女は腕を夫に預けて眠る
女は乳房を夫に触れさせて眠る
女は腰を夫にだかせて眠る
女は夫がそばにいることで安心して眠る

夫に腕をとられないと女は眠れない
夫に乳房をゆだねないと女は眠れない

夫に腰をまもられないと女は眠れない
夫のぬくもりにつつまれないと女は眠れない

村の女は眠れない
どんなに腕をのばしても夫に届かない
どんなに乳房が熱くみのっても夫に示せない
どんなに腰を悶えさせても夫は応えない
夫が遠い飯場にいる女は眠れない》

作品には、都会への出稼ぎによって農村の家族が引き裂かれる哀しみがうたわれていた。冒頭の穏やかな調子はやがて、激烈な怒りの表現へと高まってゆく。

《女の夫たちよ　帰ってこい
一人のこらず帰ってこい
女が眠れない理由のみなもとを考えるために帰ってこい
女が眠れない高度経済成長の構造を知るために帰ってこい

帰ってこい　自分も眠るために帰ってこい
税金の督促状や農機具の領収書で目貼りした納戸で腹をすかしながら眠るために帰ってこい
胃の腑に怒りを装填するために帰ってこい
装填した怒りに眠れない女の火を移して気にくわない一切を吹っとばすために帰ってこい
女といっしょに満腹して眠れる日をとりもどすために帰ってこい
たたかうために帰ってこい》

そして震災後、この農民詩人の存在を原発事故と絡めて最初に論じたのは、『「フクシマ」論　原子力ムラはなぜ生まれたのか』（開沼博著）という本だった。いわき出身のこの若き社会学者の論稿によって、私は草野が生涯を送った地が、原発事故避難区域のすぐ外側にあるいわき市の農村部だったことを認識したのだった。

一方の三原が草野作品と出会ったのは、ほんの三ヵ月ほど前のことだという。浪江の中学を出ていわきに進学した三原にとって、いわきは〝第二のふるさと〟にあたるのだが、地元の生んだ詩人・草野の名はぼんやりと耳にしたことがある程度で、実際に作品を手に取って読んだのは初めてのことだった。

彼女に草野の詩集を手渡したのは、女優活動をする東京の友人であった。この九月、東京の下北沢で地元の再開発を考える有志のイベントがあり、三原は会場で上演する朗読劇の脚本を任されることになった。

原発禍でふるさとを壊された自らの体験と、下北沢という都会で住民の意思を置き去りに再開発が進められようとする問題。そのふたつの出来事に共通する本質を、表現によって浮き上がらせたい。そんな構想を抱いた三原に、演出も担当するこの女優が教えたのが、草野の『中央はここ』という詩であった。三原は朗読劇『しもきたなみえ』の脚本に自身の短歌のほか、この草野の作品も取り入れることにした。

『中央はここ』もやはり、約四十年前の同じ詩集に収められている。

《東京を中央とよぶな
中央はまんなか
世界のたなそこをくぼませておれがいるところ
すなわち阿武隈山地はみなみのはしの
山あいのここ

そうさ　ここがまさしくおれの中央
もしも東京が中央なら
そこはなんの中央
それはだれの中央
そこで謀られるたくらみが
おれをますます生きにくくする》

この作品でもやはり、読み進めるにつれて表現は鋭さを増し、農村を荒廃させてゆく大都市優先の経済成長を問い質《ただ》す声になってゆく。

《モンキースパナを草刈鎌に
鑿岩機を塘鍬にもちかえて
葭とやなぎが伸びをきそう棚田の
復元をひたすらに急げ
手の甲の草疵
てのひらの血肉刺に

たしかな自立を訊け》

「福島での原発政策もそうですけど、東京でも巨大な力が、地元に住む人々の意思とかかわりなく、一方的に風景を変えてゆく。朗読劇では両者に重なり合う問題を描きたいと考えていたので、『中央はここ』はまさに、ぴったりの作品に思えたのです」

三原はこの詩を使う許可を受けるため、満里子とはすでに手紙で連絡をとり合っていたのだが、成功裏に上演を終えたあと、改めてお礼の挨拶を兼ねた訪問を思い立ち、骨太の作品が次々と生み出された草野家に足を運ぶことにしたのだという。

私にも、願ってもないことだった。

「中央」、草野が嫌ったこの表現をあえて使うなら、浪江と下北沢というマッチングと同様に、私が追い求める原発事故被災者の内面の問題と、いびつな経済成長に抗《あらが》った農民詩人の訴えも、一見、強引な組み合わせのようでいて、その実「中央」に対峙する「地方からのことば」という点で、通底する何かが潜んでいるように思えたのである。

草野が主張する「中央」、すなわち彼が生涯を送った集落は、彼が三十九歳のとき広域合併でいわき市となった旧三和村の一部であり、さらに十一年を遡れば、渡戸村と呼ばれていた山あいの里だった。

三和村を含め、十四市町村の合併で誕生したいわき市は、平成の大合併で巨大自治体が各地に生まれるまで、全国一の面積をもつ、ただひたすらに広大な市であった。

ちなみに昭和の合併によるいわき市の誕生は、閉山に追いやられた常磐炭田に代わる地域経済の柱をつくるため、重点的に工業化を推進する新産業都市に指定されることを目的としていた。

それはまさに、隣接する双葉郡に原子力発電所の建設が始まるのと、ほぼ同時期。浜通りを一変させたふたつの歴史的な変革は、石炭の時代の終焉、というエネルギー革命に促され、相次いで起きた出来事なのだった。時の県知事は木村守江、いわき市に生まれ育った政治家であった。

阿武隈山地を横断して、いわき市から郡山市へと続く国道49号は、好間川が流れる谷を縫うように緩やかに登り坂の蛇行を繰り返す。やがて、助手席の三原が見つけた目印で農道に分け入ると、その先で草野満里子と近郷に住む三原の歌仲間が待っていてくれた。

2

屋根こそ瓦に葺《ふ》き替えられているが、草野の家は築百年は優に超えそうなどっしりとした構えの農家だった。傍らには立派な蔵があり、作業場の梁の上には戦前の養蚕用具一式がいまも残されている。

もっとも、この家の庭先には小川が流れていて、外出するには車の通れない小さな橋を渡らねばならないため、近年は満里子も橋向こうに次男が建ててくれた「離れ」を利用して、そこで寝起きをしているという。

「『村の女』、あれはね、私は恥ずかしいんだよ」

ひとしきり雑談を交わしたあと、草野の代表作『村の女は眠れない』について尋ねると、満里子はそう言ってきまり悪そうに笑った。見るからに快活で働き者だった雰囲気の女性である。

彼女の記憶では、あの作品は草野が秋田や青森にまで足を伸ばし、現地の証言を聞き集めて書き上げたものらしい。当時、三和地区一帯に出稼ぎに出る家はさほどなく、草野家でも冬場はもっぱら里山の木を利用して炭焼きをしていたという。

「でもいろんな人に、『村の女』はマリちゃんのことなんだべって言われたの。いい旦那さんだねえなんて。冗談じゃない。ホントに恥ずかしい。あんなエッチな中身だしね」

三和よりもいわきの市街地寄りにある集落に生まれた満里子は、遠縁にあたる草野との縁組みを少女時代から決められていた。特段、見合いもしなかったが、満里子が二十歳に達すると、嫁入りを促す恋文が連日、草野から送られてきたという。

「書くことが好きな人だから。いやいや、ホントにそれはもう、うるさかったよ」

相馬農蚕学校に学んだ草野は長男として、先祖代々の田畑を受け継いでいたものの、農業にはほとんど興味がなく、野良仕事はたいてい午前中で切り上げてしまった。午後からは机に張りついて、ひたすら書きものをする生活であった。

「だからあの人はね、百姓のことはホントに何もわかんないんだよ」

家事一切はもちろん、農作業においても大黒柱は満里子のほうだった。家計を支えるため、国道沿いにラーメン店を開いていた時期も、店は満里子ひとりで切り盛りした。

それでも、草野の文才は早くから認められ、三十五歳のとき、歌集『就眠儀式』で農民文学賞と福島県文学賞を受賞。六年後、『懲りない男』という小説でも県文学賞を受賞している。詩集『村の女は眠れない』で全国から注目を浴びたのは、四十五歳のときだった。

人付き合いは好まない性格であった。作品はもっぱら東京の媒体で発表し、いわきや浜通りでものを書く人たちとの交流はほとんどなかったという。

車の免許もなく、市街地に出る手段は限られた本数のバス以外になかった。あとは行事などに招かれ、車で迎えに来てもらうときに外出する程度だった。

かといって、地元集落の人々と深く交わったわけでもない。

「集落の役（職）なんかは絶対にやらなかったよ。そんなヒマねえって。でも、何か難しいものを書かねばなんねえときなんかは、みんな、ウチのお父さんに頼みに来るからね。そういうところでは一目置かれてた。だから、役をやんなくても、『しょうがんねえなあ』ってことだった」

頭が良く、難しい文章で世間に認められている人。地元の人たちは漠然と、そんなイメージで草野を受け止めていた。実際に草野の作品を手に取って目を通すような人は誰もいなかった、と満里子は言う。

実のところ私は、草野の激烈で先鋭的な文章が、果たして地元農家の支持を得ていたのか、と疑問だったのだが、満里子の説明では、草野がその筆で訴え続けていた主張など、地元ではまるで知られていなかったという。

草野の態度は家庭内でも変わりはなく、妻の満里子ですら〝蚊帳《かや》の外〟だった。農村のあり方や農政批判など、夫がテーマとする事柄について、持論を聞かされた覚えは何ひとつなかった。

そういった草野の思想は『わが攘夷　むらからの異説』という評論集にまとめられている。

一九七〇年代、新産業都市に指定されて間もないころのいわきの沿岸部では、工業化や都市化の槌音が高らかに響き、周辺の農村部にも急速に雇用が広がった。草野の周囲でも、マイクロバスに迎えられ日帰りで建設現場に行く農民が増えていた。

だが、草野は都会への長期出稼ぎはもちろん、そのような状況にも批判的だった。賃金労働への流出は、農業や農村社会を滅亡させるものであり、人々は「むら」に戻り、自給自足をする覚悟で「籠城戦」をしなければならない――。草野はこの著作で、繰り返し同じメッセージを伝えている。

《果たして帰れるだろうか、とだれもが首をかしげる。わたしも一緒になって首をかしげる。農民も人間である、と言い、住居を飾りたい、車や電化製品がほしい、と虚栄や欲望の虜になっているうちは、決断がつくまい。一言でいってむらに帰るとは、物質文明に背を向けて窮乏の中に帰ることなのである。自分の手でつくりだす米と野菜と味噌だけで生きて、暗く重く長い時間を耐えぬくことなのである。》

《それを、幼稚な原則論であり、青くさい理想論であると嗤うのもよい。だが、原則をなおざりにし理想をあなどる精神の頽廃が、本来人間があるじであるはずの人間社会を烈しく混乱させている事情にほかならず、出稼ぎもまた例外理由をもつ現象ではない。》

《日本が亡びてもむらを残すという意味からも、なりふりかまわぬ攘夷の徹底抗戦によってむらのひとり立ちをかちとるべきだろう。百姓は前世紀の遺物でよい。百姓がむらの外で作られる価値観を是としてそれに従うことをやめないかぎり、状況のままに吹き寄せられ吹き散らされるあてどなさはおそらく続く。目の前に恰好な例がある。不況による出稼ぎ求人の大幅減少。

襤褸を着ても先祖の墓があるむらで、自給の框内で生きとおすに如くはない。食えなければどうしようもないではないかという口真似は、決して切札にならない。食うという言葉にまといつくもろもろを剥ぎとって、本来の意味に即して考えるとき、百姓が食えなくてだれが食えよう。攘夷の籠城は百姓だけがなしうる。しかもその一所定住の意志をたたかう行為にあらわし、それを将来に稔らせることのほか、むらの、百姓の、まったき安泰がないとしたら。》

しかし、と私は考えるのである。そういった持論を草野がもし、日常生活の中で地元の人々に呼びかけたとしたら……。

間違いなく、耳を傾ける者はひとりとしていなかったであろう。草野の訴えは、農村での暮らしを、明治・大正の姿に戻すことに等しいものだった。

それでも約四十年の歳月を経て改めて振り返れば、草野の夢想した〝戦い〟がどれほど実現性のない馬鹿げたものだったとしても、現実の展開は草野が危惧した通りになってしまった。全国を見渡しても、一九七〇年当時の活気をもつ農村共同体はもう、この国には残されていない。

満里子の話では、二十軒ほどの農家が集まっているこの集落でも、長男が農業を継いでいる家は皆無。そのような習慣は数十年前に姿を消し、草野家でも、東京の会社員生活で定年を迎えた長男がいわきに戻ろうとはしているが、山里の実家に住むつもりはなく、市の中心部にマンションを買ったという。

「あと十年もしたら、きっとこの部落もなくなっちゃうよ」

そんなため息交じりのことばに、満里子の傍らにいた大谷道子も相槌を打った。

「うちのほうもそうだよ」

国道をさらに数キロ登った集落に住む道子は、大谷湖水という三原由起子の歌仲間の母親であり、彼女自身、若き日に文通によって草野比佐男から手ほどきを受けた短歌の弟子だった。母娘は三原の依頼を受け、この日の訪問を取り次いでくれた。

生前の草野は、道子が住む猿渡という集落の郵便局に行くたびに、彼女の家に立ち寄っては、バスの待ち時間を潰したものだったという。

「反骨精神の塊のような人でしたね」

師を簡潔にそう説明する道子は、話が地域全体の過疎化や高齢化に及ぶと、「それにしても、昔はなんであんなに人がいたんだろうねえ」と、若き日の地元の風景を思い浮かべ、ぽつりと呟いた。一九七〇年前後にまで遡れば、彼女の近所では田植えの際、五十人もの手伝いを集めて横一列、一斉に作業をする農家さえあったという。

記憶を刺激されたのか、懐かしそうに満里子も目を細めた。

「縁側でずーっと並んでお昼を食べてね。女の人の賄いも大変だったよ」

「祭りと一緒だったもんな」

人と交わらず家にこもり、〝経済成長〟に侵食される村の怒りを「中央」に訴える。そんな一生を送りながら、隣近所の人々には単なる「書きものの好きなインテリ」としか見られていなかった、ありし日の草野比佐男。

「なんか、佐藤祐禎さんといろんなところで重なってる気がします」

私がうっすらと思い浮かべたことを、三原由起子がことばにした。県歌人会長を務めた人、あるいは『青白き光』の著者として、佐藤の名は大谷母娘も知っていた。

草野比佐男と佐藤祐禎。彼らが身を削るようにして綴った〝民の声〟〝大地の声〟は、決して地元を代表することのない私論であり続けた。

ひとりは原発事故の到来を予見し、もうひとりは資本主義経済に飲み込まれてゆく村社会に警鐘を鳴らした。その声はしかし、周囲の人々を巻き込んでゆく力になることはなかった。彼ら自身も表現と実生活での態度を峻別した。

「もうちょっと長生きしてもらって、あんたを父さんに会わせたかったね。こんなふうになると、いろいろ言いたいことがあっただろうね」

好き嫌いが激しく、窓越しに家に近づく来訪者を見極めては、家族に居留守を使わせていたという草野。その妻に「あんたなら話が合う」と認めてもらい、ありがたさが込み上げた。

「比佐男さんだったら、今度の原発のこと、どんなふうに言ったかねえ」
繰り返すように大谷道子もまた、そう漏らした。

私は、自分が福島に通い続けている理由を、座卓を囲む一同に説明した。大熊被災者を訪ね歩き、その声を浮かび上がらせたいと考えているものの、原発周辺で働いてきた人とそうでない人、故郷の土地に執着する人と断念した人、その他さまざまな立場の違いが複雑に入り組み、人々の重い口はなかなか開かないものなのだと。

いわきの市街地に家庭をもち、ライターとして活動する大谷の娘・湖水が、わかる気がします、と頷《うなず》いてくれた。

「福島の声が聞こえてこない、という指摘は、同じことを私も、知り合いの彫刻家から言われました。たぶんみんな、考えの整理がつかないんだと思います。私だって原発事故についてフェイスブックに何か書こうとすると、どう思われるかなって考えて、なかなか書けなくなっちゃいますから」

親戚や近しい人がいるならば別だが、一般にいわき市民にとって隣接する位置にある双葉郡は意外にも縁遠い土地のようだった。私はいわきの人々に、そんな印象を受けていた。

「みんな南を向いてますからね」

湖水が簡潔に説明してくれた。

南、すなわち東京のある方角である。その感覚は私の住む神奈川にもあるし、かつて暮らしたことのある埼玉でもそうだった。下り列車に乗る方角だと、たとえ隣町であっても背を向けた感じになる。

福島の南東の隅にあるいわき市では、親近感は茨城県の方角に強く働くのである。

そのせいか、いわき市民にとっての原発事故被害は、なんといっても自分たちに直接、影響しかねない放射線被害への不安であり、あるいはそれに付随する風評被害のことだった。故郷を追われ、市内に集結する数万人に及ぶ双葉郡避難民の存在は、同情よりむしろ〝摩擦のタネ〟〝やっかいごと〟と捉える声のほうが目立っていた。

実際、いわきの前市長は双葉避難民について「働かずにパチンコばかりしている」と、迷惑だと言わんばかりの発言をして波紋を呼び、あるいは市内の複数の箇所に「避難民は帰れ」という落書きが現れる始末だった。

私が大熊被災者から聞いた話では、長期避難民に対する五年分計六百万円の「精神的慰謝料」が東電から支払われた直後には、大熊被災者といわき市の子供たちが入り混じる少年野球の試合で、「六百万円！」という野次が飛ばされたこともあったという。

一部の仮設住宅の駐車場では、高級車ばかりを狙ってペンキを塗りつける嫌がらせも起きていた。

そこには、急増するマイカーや工事車両による交通の麻痺、医療機関の異様なまでの混雑、不動産の高騰、アパート家賃の上昇といった〝実害〟が引き起こす感情もあれば、被災者への補償額や彼らの生活態度が生む〝やっかみ〟も存在した。

〝やっかみ〟については、私自身、その感情と無縁だと言い切る自信はない。大熊被災者の話ではないが、以前、郡山市内でタクシーに乗った際、「仮設住宅の場所とお客さんの名字を聞くだけで、運転手ならすぐわかる〝お得意さん〟があちこちにいる」と聞かされたことがあった。付近には複数の自治体の仮設があり、こういった〝有名人〟の被災者は、日中ならパチンコ店、夜間には歓楽街への往復で文字通り連日連夜、タクシーを呼ぶらしい。そんな話を聞かされると、さすがに私の胸中にも、苦々しい感情が湧き起こるのだった。

――前市長の発言をいわき市民はどう受け止めたのでしょう。さすがにそこまで言ってしまっては、と思ったのか、それともよくぞ言ってくれた、と感じたか……。

大谷湖水に尋ねると、彼女は表情を曇らせて「おそらく両方いたと思います。両極端に分かれた感じでしたね」と説明した。

「震災が起きてからのいわきは、ザワザワして落ち着かない、嫌な感じになってしまいました。長く空いていたアパートがリフォームなしで埋まったとか、不動産屋さんが遊んでいる土地を探しているとか、夜は夜で柄の悪いのが歩いてて危ないとか、仮設の駐車場はいい車でいっぱいだとか……。みんな、人のことをそんなふうに言う人たちじゃなかったんですけどね。住民の心を裂いてしまったことが、ここで起きた一番の被害じゃないかな。私はそんな気がします」

三原由起子も大きく頷いた。

「私なんか、フェイスブックに知り合いから『双葉郡民になりたかった』なんて書かれたんですよ。その人は自主避難だから補償金がもらえない。私が『そんなこと言わないで』って書いてもわかってくれなくて、『やっぱりおカネなんですよ』って。同じ被災者同士なのに、どんどん荒《すさ》んでくる感じなんですよね」

草野比佐男が生きていたら、この事態に何をどう書いただろう――。

原発避難民をめぐる〝よもやま話〟が、再び草野への思いを引き寄せてゆく。

少なくとも、福島で起きた問題の矛先を、地域間摩擦に矮小化してしまってよいはずはなかった。草野なら徹底して、そのことを指弾したに違いない。戦うべき相手は隣人ではないのだと。

彼はあくまでも、ことの本質や構造を見極めようとする人だった。

そして、この日の訪問で私の考えにも、ほんの少し変化が生まれた。佐藤祐禎が短歌に詠んだ反原発の思いは、住民の間では極めて少数派の声だった。佐藤自身、日常生活ではその思いをむやみには示そうとしなかった。

草野比佐男についても、彼の叫びを高度成長期の三和地区や浜通りの一般的な農民の声として捉えるのは明らかに間違いだし、彼自身、詩歌や著作での主張と、実生活における言動は明らかに使い分けていた。

振り返って過去二年の自分の姿勢を見直すと、私は〝より普遍的なことば〟〝より普通の人々の声〟にこだわり続けていた。しかし万が一、同じ浜通りの住民同士が補償金や生活態度をめぐっていがみ合うことが、〝多数派の声〟になるのだとしたら、果たして少数か多数かということに意味はあるのだろうか。

ならばむしろ、普遍性には欠けていても、ときには一種の極論であろうとも、より本質を突こうとする声をこそ、私は探すべきなのではないか。

少なくとも当事者の「ことば」である限り、必ずやそこに聞くべきものはあるはずだ。同じ立場にいる多数派に拒絶されることばだとしても、その突出は、実態を知らないよそ者の〝的外れなことば〟とは、まるで意味合いが違っている。

佐藤祐禎や草野比佐男の少数意見には、少数でありながらも深々とした根っこが地中に下ろされていた。

このようにして私は〝平均値〟を追う無意味さに気づかされたのだった。

東京で暮らし続けるうち、少女時代にはさほど意識しなかったふるさと・浜通りの原発の存在に不安を覚えるようになった三原由起子は、現実の原発事故と向き合って、故郷の人々よりはるかに敏感に放射線被害への恐怖に襲われた。その警戒心はいまもなお、薄れてはいない。

浪江町で長年、自転車と玩具を売る店を開いていた両親を、半ば追い立てるようにして米沢まで避難させたのは彼女だし、被災地出身の歌人として取材を受けた際、避難区域となった故郷に立ち入って撮影するか否かで、地元テレビ局のスタッフと対立したこともあったという。

「自分はまだ将来、子供を産む可能性もありますし、やっぱり不安なんですよね」

そう、浪江町の彼女の実家周辺は、三段階に分けられた避難区域のうち、比較的線量の低い「避難指示解除準備区域」だったにもかかわらず、約三年弱、三原は浪江町に足を踏み入れることはなかった。

だが、草野家訪問から二ヵ月後、三原はついにその禁を破ることにした。ふるさとを訪ねたい。でも怖い。せめぎ合うふたつの感情の間で、前者の思いがついに後者を押し退けたのだった。低線量の準備区域ではもう、あまり見かけなくなった防護服姿になり、夫とともに浪江の地を踏んだのは一月のことだった。

そして、約三年ぶりに接したふるさとの光景を、こんな歌に詠んだ。

ひるがえる悲しみはあり三年の海、空、山なみ、ふるさとは　青

津波に破壊された海沿いの家の瓦礫《がれき》、砂に埋まった車、そこかしこに生い茂る雑草……。それでも、三原が強く感じたのは「意外にも変わり果てていない」自分の町だった。

「その角を曲がれば……」

「そこのパン屋さんはおいしい」

「この通りはお祭りのメインストリート……」

目を向けるすべてのものに、つい昨日のこととして思い出が蘇る。

そして、湧き上がったことばが「ふるさとは青」だった。

あの震災の日、他人のiPadの画面で、最大震度を示す赤色に彩られていた平面図が、いま潮風を伴う晴天下の景観として、目の前に立ち上がる。そこにあったのは、赤く染まった家並みでもなければ、思い出の墓場と化した〝死の町〟でもなかった。

三原はこの日、改めて自らの血肉として生き続けるふるさとを感じたという。

3

いわき市中心部から小名浜港へと向かう幹線道沿いにある鹿島町下矢田地区の仮設住宅。その近くに中古住宅を買い、避難生活を落ち着かせた高橋清は、数カ月前に退去したこの仮設の集会所を、私との面会場所に指定した。

双葉地方森林組合の職員として山林の管理に携わってきた大熊被災者で、被災直後には一家で山梨県に避難した。

「でもそのあと、いわきの高専に入学した次女が寮に入り、学校に通い始めたので、最初は妻が面倒を見るためにこっちに来たんです。そしたら親父やお袋も福島に戻りたい、と言い始めて。私は山梨に根を下ろし、新しい暮らしを築く気でいたんですけどね」

山梨では、髙橋の境遇を報道で知った経営者に声をかけられ、電子部品メーカーの正社員にしてもらっていただけに、気が咎めた髙橋は約一年、年度末まで働いたあと、離職して妻たちと合流することにした。

二〇一三年の秋、私が彼を訪ねた時点では、その次の定職はまだ見つかっていなかった。楢葉町の除染作業を数ヵ月間続けたあと、当面のアルバイトとして、知人の経営するリフォーム会社を手伝っている、とのことだった。

そんなやり取りを十五分ほどしていると、集会所の玄関に人が出入りする物音がした。別室に入ろうとする旧知の顔を見つけた髙橋は、パイプ椅子から腰を上げ、大声で挨拶を送った。

「お久しぶりです、髙橋です。いや、きょうはこの人が、私の愚痴を聞いてくれるって言うんでね。場所をお借りしています」

着席して再び表情を引き締めると、髙橋は続けた。

「どうしても被災者には、あまり人としゃべりたくないって人が多いんですよ。でも私は、いろんな機会を利用して、自分の気持ちを話すことが、自分自身のためにもなると思っているんです」

さほど頻繁ではないが、呼ばれれば県外にも出向き、学生らに被災体験を話している。メディアの取材を拒まずに受けるのも、その時々の自分の思いを整理して、記録に留めたいからだという。

「もしかしたら今後、若い世代は自分が大熊出身だということを隠して生きていくかもしれません。でも彼らもいつか、それこそ人生が終わるときにでも、昔、こういうところに住んでいて、こんなことがあったんだよって言えるようになってほしい。大熊が原発オンリーの町だった、なんて思ってほしくない。もっと豊かなふるさとだったんだと。だから私は子供たちの世代に、いろんなことを伝えていければ、と思ってます」

大熊では「ふるさと塾」という、一種の町おこしグループに所属していた。民話の発掘や史跡の調査、自然観察など、自分たちのアイデンティティを掘り下げる活動をさまざまに行い、髙橋自身、古代米を作ってみたり、大熊の海岸で終戦後、さかんに行われた「塩炊き」、すなわち海水から食塩を作る作業を再現したりして、娘たちにも大熊の風土を伝えようと努めてきた。

移ろいゆく郷土の姿を形に留める努力をする。その思いは、若き日に自衛隊員として六年間、北海道に勤務した経験から生まれたものだったという。

「三笠とか夕張の炭鉱が閉山して、企業城下町が衰退していくのを目の当たりにしましたから。原発も寿命が来たら廃炉になるでしょう。だから大熊もいつかそうなるかもしれない、という不安があったんです。まさかこんないっぺんに全滅するようなことが起きるとは、想像もしなかったですけどね」

人それぞれ意見が違うから、と声高に原発批判はしない。ただ、一年ほど前、書店で佐藤祐禎の『青白き光』を見つけたときには、思わず十冊以上まとめ買いをして、知り合いに配り歩いたという。あの玉城入野が復刻した文庫版である。

「あれ、祐禎さんの本だってびっくりして。震災の前にも二、三回会ってるんですが、こんな本を書いているなんて、まったく知りませんでした。周りの人の反応ですか？　うーん、それはまあ、賛否両論ですね。それでも、ああいう人が大熊にもいたんだって、それがわかるだけでも意味があると思うんですよ」

高橋は、昔から佐藤をよく知る父親と連れ立って、改めて本人にも会いに行ったという。そして、佐藤の許しを得て、その短歌を長さ九十センチほどの短冊形のベニヤ板にフェルトペンで大書したパネルを製作した。

いつ爆《は》ぜむ青白き光を深く秘め原子炉六基の白亜列なる

歌集から写し取ったのは、あの佐藤の代表作を含む五つの歌だった。

同じように、中原中也の詩『汚れつちまつた悲しみに……』を書き写した方形のベニヤ板も作り、講演に呼ばれたときなどに会場に掲げている。

「あくまでもケースバイケース、話をする相手にもよります。祐禎さんの歌は、大熊の人たちに見せてしまったら、いまもまだ、ちょっときつい面がありますから」

先祖代々の住民、というほど髙橋家は古いわけではない。大熊では彼が三代目、そのルーツは秋田県にあった。

「常磐線を造る工事のとき、石工として祖父《じい》さんが来たそうです。でも、それからもう百年くらい経ちますから、私のウチも、大熊にだいぶ根を下ろした、と言ってもいいんじゃないですかね」

そんな郷土への執着心溢れる髙橋だが、大熊の家に戻って再び暮らすことは、もはや諦めているという。

「国は、除染したら住めるって言いますよ。科学的にはその通りかもしれないけど、我々は、原発だの放射能だのっていう話に、もうこれ以上かかわりたくないんです。とくに若い連中は住まないでしょう。親父やお袋は『帰りてえなあ』って言いますけど、私は『娘たちのことを考えてくれ』って頼んでます。祖父ちゃん祖母《ばあ》ちゃんを残して、自分たちだけ安全なところにいる、なんてことになったら、子供らは負い目に感じますからね」

自分たちはなぜ、こんな目に遭ったのか。いったいいつ、この苦しみから解放されるのか。そうしたことを考えると、ストレスは溜まる一方だという。

「第一原発の電力、そもそも我々は使ってないんですよ。阿武隈山地の鉄塔を伝わって東京に行っている。原発だけじゃない。火力だって水力だって、福島でつくった電気が東京で使われているんです。それなのに東京の人たちは、そんなこともわからずに、我々を中傷したりするんです」

このことばは、「中央への怒り」として大熊被災者から最もよく聞かされる台詞である。反原発派も推進派もない。どちらの立場の人も、このことは真っ先に指摘する。

ただ、林業という原発の恩恵とは縁遠い立場にいた髙橋は、東電に対するもの言いにも容赦がない。

「考えてみれば、東電への対抗心は昔から、どこかにもっていましたね。原発ができて、都会から人が移り住むようになると、身なりにしてもしゃれているんですよ。収入だって多いし、かっこいい。社会的評価が我々よりずっと上なんです。そりゃあ地元の親たちは、娘を東電社員と結婚させたがりますよね。私だって若いころ、『東電じゃないから』という理由で女の子に去られた経験がありますす」

そして驚かされることに、髙橋は古《いにしえ》の征夷大将軍・坂上田村麻呂をなぜか引き合いに出すのだった。

「東北は、それこそ昔から蝦夷《えみし》として侵略されてきました。三春町に残ってる三春駒という工芸品は、田村麻呂がこっちの豪族を征伐する際に、どこからか現れた木馬に助けられた、なんて伝説からできたものですよ。中央とのそういう関係は、そのころからずっと続いているわけです」

外から来た強大な力、現代で言えば東電によって、自分たちの町が成り立っていた。そうした事実そのものに、髙橋は深層心理のどこかで鬱屈したものを感じてきたらしい。

そこに起きた今回の原発事故である。

「ウチは、精神的慰謝料も事故直後に一律に配られた百何十万円しか、まだ受け取っていません。あの膨大な量の申請書類を前にすると、うんざりしてしまって。書こうとしても、ペンが止まってしまうんです。『まだですか』って東電から毎週のように催促されています」

気がつけば、会議室内にはもうひとり、中年男性が現れ、私たちが向き合う長机の端に腰を下ろしていた。

「仮設の自治会長さんです」

発言をしたくてうずうずしていたのか、髙橋の紹介を遮るようにして、彼もまた慰謝料手続きへの不満をぶちまけた。

「そもそも、加害者の東電が、我々被害者の申請を査定してるんです。ふざけんじゃねえって言いたくなりますよ」

髙橋も頷く。

「東電はあげくの果てに、日本政府の話を出してきますからね」

「政府の関係者に聞けば、これだけは絶対に払えっていう『最低限の金額』なんだと言う。それが東電の手にかかると、いつの間にか、これ以上出せない『上限の金額』なんだって話になってしまうんです」

そして、そのような東電の姿勢に、大熊町民が一枚岩になるどころか、仲間うちでいがみ合ってしまう現実を自治会長は嘆き、その根本には〝原発以後にやって来た新住民の身勝手さ〟があるのだと持論を展開した。

「そもそも原発ができる前、大熊町の人口は七千人程度で、残りの四千何百人かはあとから来た人なんです。大熊のもともとの住民は穏やかなんですよ。原発ができ上がり、人が増えてから、町はおかしくなってしまった。たとえば、学校でも子供たちが暴れるようになるとかね」

話は原発問題からずれてしまったが、言わんとすることは、今回の事故以前から、大熊の地域コミュニティーは変質していた、ということだ。

このやり取りの少し前、高橋が指摘していたのも、同じ福島の被災地でありながら、原発に依存せず独立独歩で進んでいた飯舘村のほうが、住民に自立心や団結心がある、という話だった。共同作業で道の草刈りひとつするにしても、飯舘では同じ家族から何人もの参加者が出てくるのだという。

「新住民が増えてからは、ウチのほうでは盆踊りもできなくなってしまった。人は大勢いるんですよ。でも、カネを出すのが嫌だっていう意見が増えてしまったんです」

「そういう行事にカネを出すのは嫌。でも、そんな人が当日は参加して、賞品はちゃっかりもらっていくんですよ」

「準備や後片付けはやりたくない。おいしいとこだけ」

自治会長との〝掛け合い〟で思いを発散し、毒気が抜けたのか、高橋はことばを付け足して、少し軌道修正した。

「でも、そういったことは、必ずしもあとから町に来た住民ばかりでもないんです。新しい人にもちゃんとした人はいるし、古いほうにも変なのはいる。そういう時代になった、というだけかもしれませんけどね」

自治会長のほうはまだ収まらない。

「それでも昔の大熊には、貧乏は貧乏でも、いろんな暗黙の了解があって、みんな素直に従っていたんです。そういうところは、いつの間にか、変に都会的な町になっちゃってたんです」

とにかく——。やり取りがひと区切りしたところで、髙橋がこう言って話を引き戻した。

「みんな考えもいろいろ違うし、それを言っても仕方がないんだけど、こうなっていま、いちばん大切なことは、一人ひとり個人レベルで自立することだと思うんです。住むところを見つけ、経済的にも独立して、大熊町民としての気持ちは守っていきながらも、それぞれの土地で溶け込んでいく努力をする。いつまでも中途半端な気持ちを引きずって動けなくなってしまったら、それこそアリ地獄ですよ」

捨てがたい望郷の思いと、前進することの大切さ。絡み合う心情の葛藤は、ここいわきの地の被災者も変わらなかった。

4

いわき市内を移動中、携帯の着信音が鳴った。

相手は、小名浜地区に中華食堂「八龍《バーロン》」を営む山田学だった。被災からわずか八ヵ月後の早い段階で、大熊時代と同じ名の食堂をいわき市に開店、多くの仲間に先駆けて〝次の一歩〟へと踏み出した被災者であった。

もっとも、奥まった通りにあるカウンターとテーブル三卓の新店舗は、四部屋も座敷をもつ大規模店だった旧八龍と比べれば、半分の大きさにも満たず、給仕役も妻ひとりが務めていた。

「いま、ちょうど大竹さんが来てますよ」

思い当たるところのない名前に一瞬、戸惑ったが、そういえば山田は、二日前に久しぶりの再会を果たした際、「大熊町民のことなら新聞販売店を営んでいた常連客が詳しい」と教えてくれていた。

私は、その人物を引き止めておいてもらうことにして、急ぎ、山田の店に向かった。

昼食の時間帯を過ぎ、がらんとした店内では、八十歳になるという小柄な男性が、ホイコーロー定食をたいらげ、食後のコーヒーを味わっていた。果たして彼が大竹保というその新聞販売店主だった。

「僕はやっぱりねえ、資源のない日本には原発が必要だと思うんですよ」

山田の紹介もそこそこに、大竹はいきなりエネルギー政策論を語り始めた。耳が少し遠くなっているものの、話好きなのは間違いないようだった。

午後の休憩に入りたそうな山田の顔色を見て、とりあえずふたりで店を離れると、大竹がマイカーで私を先導して、小名浜中心部に近い自宅に案内してくれた。大竹の甥が所有する家で、ちょうど空き家になっていたところに住まわせてもらっているのだという。

妻子に先立たれ、ひとり暮らしになったのは、震災前のことだ。ここに住み始めたのは被災した翌々月。山田よりさらに早い時期にいわきに落ち着いた大竹は、もともといわき市南部の出身者で、現在、実家を継いでいる親戚が、ゆくゆくはその敷地内に離れを建てて面倒を見ると言ってくれている、と私に説明した。

かといっていわき市が誕生するはるか以前、十七歳のときに離れて以来の故郷には、もはや昔なじみは数えるほどしかいないらしい。大竹は人生の大部分を、大熊町民として過ごしてきたのだった。

「でも僕はね、美空ひばりの『川の流れのように』じゃないけれど、人生、なるようにしかならないと思ってる。大熊で生まれ育った人が故郷を離れるのは寂しいかもしれないけど、住民の半分近くは原発ブームでよそから来た人です。だから僕なんかも、土着の人よりは諦めをつけやすい。もともと裸一貫、開拓者精神をもって大熊に行き、なんとか食べられるようになったわけですから、適応能力には自信があるんです」

大熊に住み始めたのは原発の建設話が持ち上がる前の時代、一九六〇年前後だという。県紙・福島民報の販売店をやらないか、と誘われてのことだった。

「民報は当時まだ、あのへんに支局もなく、部数も全然出てなかった。『誰がやっても失敗するところだ』と言われて頑張ったら、三倍くらいに伸びたかな。六年連続で民報の増紙コンクールで表彰されましたよ。経済がいい時代だった。とくに田中角栄のころですわ。やっぱり土建業が良くないと、日本はダメだなって僕は思います」

大竹の店では毎日や産経、スポニチなども扱い、とくにスポニチでは通信員として高校野球など県内のスポーツ大会の取材も委託されていたという。

第一原発より八年遅れて着工した富岡・楢葉両町の第二原発では住民の反対運動があったが、第一原発の着工時には、反対運動は見られなかった。私はそう聞かされていた。

「そんなことはない。日本は原爆で戦争に負けた。その原子力をなんでもってくるんだ、ということで、僕らは反対しましたよ。でも当時の町長の志賀秀正さん、前の町長のお父さんですよ。彼なんかは原発ができれば町は発展するんだ、ということで頑張りましたからね。やっぱり政治力には勝てませんでした。結局は交付金も入るし、町民もみんな喜んだですよ」

町が建設ブームに沸く中で、大竹も業績を伸ばし、自宅や店舗を設けたほか、町内に別宅まで構えられるようになった。

身内に先立たれたためだろう、「死ぬまで仕事をするつもりだった」という大竹だが、震災によってその希望は絶たれてしまった。

大竹がいわきに落ち着いた段階では、まだ多くの被災者が会津若松にいて、いわき市内に住む大熊町民は限られていた。

それが現在では、いわき在住者が会津若松避難者に倍するようになった。

意外にも大竹は、その事実を知らずにいた。

「ほおー、そうですか。いや、そういう情報は初めて聞きました」

本当に彼は情報通なのか。山田から聞いていた話にふと疑念が浮かんだ。もしかしたら最近は大熊の友人にはあまり会っていないのかもしれない。

「大熊の友だちはたくさんいます。でも、みんなバラバラなんですよ。前の議長さんだとか、消防団長とか、公民館長とか……。前の町長の志賀秀朗さんにはちょっと会いましたけどね。私は体育指導員としてスポーツ振興の事業とかやってたし、町のいろんな企画立案の相談に乗っていましたから、そういう方々とは付き合いがあったんです」

市内の仮設住宅に、知り合いを訪ねたりはしないのか。重ねてそう聞くと、大竹はうっすらと笑みを浮かべた。

「あんまり一般の人とは付き合いは深くなかったの。挨拶程度です。何というか、町でも名の通った人に僕は知り合いが多かったですから。でも、こうなってしまうともう、あれですね、みんな平等になってしまいましたな」

自分は選りすぐりの人としか付き合ってこなかった。そんな趣旨のことばを、大竹は何度も口にした。

だとしても、寂しくはないのか。

「いやあ、こっちに来てだいぶ経ちますから、新しい友だちがたくさんできましたよ。さっき携帯電話にかかってきてたでしょ。あれは知り合いの喫茶店。いまちょうど広告の人が来て店の写真を撮るから、〝さくら〟として来てくれないかって。カラオケとかスナックとか行けば、いろいろ仲間はできますよ」

それでも、大熊への思いを改めて聞けば、住みやすい町だった、と大竹は目を細める。

「海あり山あり川ありで最高だった」と、自然の豊かさを口にする一方、意外にも生活の利便性においても、三十万都市のいわきより大熊のほうが上だった、と強調した。

「生存競争が激しい町だったから、大熊では何の商売でも電話一本で配達してくれた。こっちはいちいち店に行かなきゃならないでしょ。この家だって和式トイレだし、そういう点では、まだ田舎だよね。大熊はやっぱり東電のおかげでね、垢抜けしているんですよ。ことばだって東京と変わりませんから」

そう言われて、私は似たようなことを何度か聞いてきたことを思い出していた。

八龍の山田は浪江町出身で、大熊で開業する以前、似たような食堂を東京で開いていた経験もある。その妻の良子は「大熊ではウチみたいな店に来るときにも、女性はバッチリお化粧してました。夜遅くまでみんな動き回っていて店に来てくれるし、東京にいたころと比べても、ずいぶん都会的なところだと驚いたものでした」と語っていた。

やはり浪江町出身者で、いわきの高校に通っていた歌人の三原由起子に聞いた話でも、同じ常磐線沿線の町でありながら、列車で乗り合わせる大熊の若い女性は目立つ服装をしていた印象がある、ということだった。

それにしても大竹は、原発事故そのもの、あるいは事故後の国や東電の対応に何ひとつ不満を感じないのだろうか。

「ストレスはそりゃありますよ。でも、文句を言ったたって仕方がない。こうなると大事なのはマネーですよ、マネー。補償金をしっかりもらってね。とくに余計に寄こせという気はないけれど、先立つものはやはりカネだから。そのへんはまあ、上のほうでちゃんとやってくれるでしょ。あとはもう、なるようにしかならない。ケセラセラですよ」

喫茶店から大竹を呼び出す電話がまたかかり、大竹は「あと少しで終わるから」と答えた。私はそろそろ退散することにした。

勝ち気な性格なのだろう。湿っぽい台詞は一切口にせず、割り切った態度しか表さない大竹。彼のようなタイプを〝非土着派〟の典型だと受け止めたわけではないが、住民にもさまざまな個性があるのだということを、私は改めて感じたのだった。

5

浜通りの大動脈・国道6号線から枝分かれする県道に分け入って、やや内陸部を並走する南北のルートがある。地元の人々は「山麓線」という通称でこの道を呼ぶ。

いわき市の宿を朝一番に出た私が目指すのは、大熊町南部の山沿いにある大川原地区。放射線量の高い「帰還困難区域」が宅地のほとんどを占める大熊で、「居住制限区域」というワンランク下の規制になっている例外的な地区である。

重点的に除染が進められたことで、日中の出入りはノーチェックとなり、約半年前には手前の富岡町を通過する規制も解除されたため、許可証を持たずとも、いわきから真っ直ぐに行き来できるエリアになっていた。

約ひと月に及んだ私の福島訪問も、残すところ数日となっていたのだが、私はやや強引に予定を変更して、片道約二時間の行程をとんぼ返りする強行スケジュールで、大川原に足を運んでみることにした。

そこではこの二〇一三年の春から、大熊町役場の現地事務所が開設され、六人の非常勤職員が町内の見回りを続けているはずだった。

少し前、会津若松の宿で『無人の町の〝じじい部隊〟』と題されたＮＨＫ番組を偶然に見て、私は彼らの活動を知ったのである。町役場を定年退職したばかりの元職員三人を中心に、六十歳前後の〝じじい〟たちが名乗りを上げ、ふるさとを取り戻す一助として動き出したのだという。

防護服姿でひと気のない町を隅々まで見て回り、道路にせり出した木の枝を切り落としたり、破損した設備を補修したり、あるいはまた、町内各地点の放射線量を小まめに測定したりする初老の男たち。番組に登場する顔触れには、彼らがまだ現役の幹部職員だったとき、会津若松の仮設町役場で挨拶を交わしていた人も含まれていた。

やがてフロントガラス越しに、道端に立つ親子熊をあしらった図柄の看板が目に入り、私は大熊町内に差しかかったことを知った。

県道のすぐ右手には、農耕地を潰した広大なスペースに二階建てのプレハブ棟が立ち並び、無数の車が置かれている。大川原地区の除染を請け負っているゼネコンや、その下請け業者がいくつも入居する〝前線本部〟だった。周辺の農地ではそこかしこで重機がうなりを上げ、放射能汚染土を詰め込んだ黒いビニール袋が大量に並べられていた。

行き来する作業員たちの会話には、関西弁も聞き取れる。私は次々と彼らに声をかけ、町役場の現地事務所の所在を聞き歩いたが、ぼんやりとその場所をつかむことができたのは、実に十回近く「わからない」という返答を聞かされたあとのことだった。

〝じじい部隊〟が拠点とする事務所は、県道から集落を離れる方向に山道を分け入って、奥深い森の中に突然現れる坂下ダムの管理棟内に設けられていた。

あいにく二階の事務室にいた男性とは面識がなかったが、次に現れた人には見覚えがあった。

「ああ、あんたか」と向こうもまた私を認識してくれた。

すでにいわきに戻る〝タイムリミット〟を超えてしまっていた私は、この日、非番になっていた何度か話をしたことのある元役場職員に、その場で連絡をとってもらい、翌々日にいわき市内で会うアポをとりつけて、慌ただしく帰路に就いたのであった。


結果から言えば、この元役場職員との面談は、少し気まずい形になってしまった。録音を聞き返すと、二時間を超えるやり取りそのものにぶつかり合う場面はなかったが、数時間後に改めて「いったいあんたの意図は何なんだ?」と問い質す電話がかかってきたのである。

彼は面談中、私の発したことばの端々に〝帰還断念派〟に肩入れするニュアンスを感じ取ったらしい。かつての雑誌連載ではニュートラルに思えた私のスタンスが、偏ってしまったのではないのか、と疑っていた。

それは私の変化でなく、何人もの大熊被災者と接触した結果、半年前と比べて格段に帰還を断念する声が強まっている、という被災者自身の変化を踏まえて話をしたせいだった。変化は、町役場の現役職員たちにすら感じられた、と私は説明した。

「そのことは、わかっているけれども……」

元職員はそれでも、釈然としないようだった。

彼の言いたいことも理解できなくはない。

すでに全町民の三分の二を占めるようになった〝断念派〟の中には、行政の推し進める町内の除染を「無駄だ」と言い切る人もいた。それは〝じじい部隊〟とＮＨＫに名づけられた元職員らにしてみれば、定年退職後も時間と労力を割き、町の荒廃を防ごうとする努力に水を差すことばに聞こえるであろう。

しかし、除染が無駄か否かという議論は本来、対立のタネになるような話ではなかった。仮に除染をやめたところで、その予算が住民のケアに回されるわけではないからだ。それはそれ、これはこれ、である。

私の理解では、批判者は必ずしも、除染を「すること」そのものを拒んではいなかった。除染がやり玉に挙がるのは、単に〝引き合い〟に出されているにすぎず、彼らの言わんとすることは、帰還断念派の心情にももっと寄り添ってほしい、という叫びに聞こえたのである。

さらに言えば、もはやこの段階では、そういったタイプの人もごく一部であり、役場にさらなるサポートを望む声はほとんど聞かれなくなっていた。人々が求めるのは、新たな人生への〝踏ん切り〟であり、それは汚染された町を除染するか、放置してよいのか、ということとは別次元のことだった。

大川原地区などを除く町内では、実際に帰れる状態になるまでに何十年もかかることは、誰もが事実として受け止めている。それまでの時間を「帰還を待っている状態」と呼ぶか、「よその土地で、新たな暮らしを送り始めた状態」と呼ぶかは、心構えや生活態度の違いを意味しているだけで、いずれにせよ町外の地に生きなければならないことに変わりはない。

何十年もの遠い先に安心して暮らせるふるさとを取り戻せたとしても、そのときの行動を、いまの時点で決断できるはずがないことも、わかり切ったことだ。

住民票を町に残すのか否か、不動産を手放すのか否か、といった個々の対応は今後、分かれてゆくにせよ、おそらく多くの場合、それは便宜的・経済的理由で決まってゆくことで、そのことが直接、アイデンティティや郷土愛の有無を意味するわけではない。

いわき中心部のファミリーレストランでじっくり話を聞き、この元役場職員自身、基本的な現状認識は他の一般町民とさほど変わらないように、私には感じられていた。

「以前は、一時帰宅に行った町民から要望や情報提供があっても、会津若松から職員が出向く形だったんです。若い職員は自分たちだって健康上の心配がありますから、常駐は難しい。その点、我々はもう年寄りだし、多少は放射線を浴びたって大丈夫だろうってね。

自分の住んでいたところをきれいにすることは、すぐ帰るとか帰らないとかいうこととは別の話。昔と同じ状態には、戻せるはずもないんです。でも、大川原を中心に小さな範囲で魅力のある地区ができれば、将来、じゃあ住もうかって人も出てくるんじゃないですか。それはもう、やってみなければわからないことでしょう」

彼が何度か口にしたのは、みんな本当に町を捨てるつもりか、ということばだった。

その一方、彼自身、自分の子供には「墓守はちゃんとしろよ」という程度の要求をするだけで、将来、大熊の家に住むかどうかの判断を押しつけるつもりはないという。もしかしたら、結果的に次の世代が町を〝捨てる〟ことになる可能性だって、ゼロではないのである。

元職員は、住居や仕事の選択など、動き出せる人はどんどん自立していくべきだ、とも語っていた。帰還断念派がその責を行政に帰す「宙ぶらりんの状態」は、彼もまたよしとはしていない。

そして最終的に残るのは、自立したくてもできない高齢者の問題であることも認めていた。

ここで、個人的な考えを明かすことを許してもらえるなら、問題の根本は、町役場が「大熊町というエリア」にこだわるか、「被災した時点の町民たち」を重視するのか、というスタンスのとり方にあるのだと思う。

地方自治の原則では、サービスの対象者はあくまで住民票を置く人々であり、転出者はそこから除外されることになる。しかし、大熊の場合、住民票の手続きの問題を横に置いてしまえば、三分の二の人がもはや「帰らない」、つまり実質的に転出することを決断している。「帰る」という人は一割以下。場合によっては九割もの人が、〝実質的な転出組〟になり得るのである。

にもかかわらず、〝残る人〟だけを重視することは、役場のあり方としてどうなのだろう。わずか一割の住民と残された土地、そして原発の廃炉作業員が中心となるであろう新たな転入者をもってサービスの対象とする形は、行政手続きとしては正しくとも、すき好んで町を離れるわけではない多数派としては、釈然としないものなのではないか。

基本的には、町を去る人は各地で自立すべきだし、その後の面倒まで役場が見なければならないなどと言うつもりはない。ただ、住民票のあるなしにかかわらず、役場が人々のアイデンティティをつなぐ何らかのセンター的な役割を果たすことは、望めないことなのか、と思うのである。あくまでも大熊というエリアに重きを置く〝正当な役場のスタイル〟に固執することは、見方によっては、ドライな姿勢にも映るのではないか。

たとえば大河ドラマ『八重の桜』を思い起こせば、戊辰戦争に敗れ、青森の地に追いやられて斗南藩になろうとも、全国に散り散りになろうとも、旧会津藩の重臣は藩士やその家族の〝ゆく末〟に心を砕き続けていた。

除染作業への批判を口にする被災者の心情には、そういった行政の〝割り切り方〟に対する感情も含まれているように思えるのである。
もちろん、私の言うような形は、地方自治の原則から逸脱する話だし、センチメンタルな感情論にすぎないことはわかっている。ともあれ、元職員から詰問の電話を受け、思い浮かんだのは、そんなことだった。

実はこの元役場職員に会う数日前、車を運転中にラジオから偶然、福島被災者に関する国会中継が聞こえてきた。質問者は、小熊慎司という会津若松出身の日本維新の会比例区選出の衆議院議員（現・維新の党）だった。

《私は会津若松市に在住しておりますから、大熊町の避難者の方と触れ合う機会、意見を交換する機会がありますけれども、時間を考えれば新しい土地でしっかりと人生再建をしていきたい、そうした意見が日に日に多くなって、寄せられてきています（中略）。残念ながら、復旧復興までに時間がかかるようでは、自治体の復興と個人の人生の復興に時間のずれが生じるのが現実です（中略）。そうした意味においては、時間のかかる原発周辺地域、また完全なる収束まで四十年もかかる、何かあったら、危険な地域に関しては断腸の思いで国有化をして、国が責任を持ってこの土地を管理していくということが重要だというふうに思います》

その質問は、中間貯蔵施設の放射線汚染土を三十年後に福島県外に移す、という前提にも及んだ。

《幻想をまき散らすのは政治ではありません。真実のもとに希望を与えるのが本来の政治です。誰が三十年後に県外に最終処分場を造るということをこの数年内に決めることができますか。三十年後に決めたってだめなんですよ。人生選択が失われます。本音で、決める政治をやってください》

〝じじい部隊〟の元役場職員とのやり取りで、この質問に触れると、「とんでもない話だ」と、怒気をはらんだ声で彼は呟くのだった。

その一方、議員の質問内容そのものは私自身、今回の福島訪問で何人もの被災者から聞かされた主張と重なっていた。

二〇一三年秋、こうして会津若松からいわきへと渡り歩く、私の約ひと月の旅は終わった。

自宅に引き揚げると、翌月から翌々月にかけ、大熊被災者の行く末を左右しかねない国の動きが相次いで報じられた。

ひとつは、国が佐藤雄平・福島県知事に中間貯蔵施設の建設受け入れを要請すると同時に、その予定地を含む双葉・大熊・楢葉三町の民有地計十九平方キロの国有化案を提示した、という報道であった。

このうち大熊町の国有化候補地は十一平方キロを占め、北は双葉町との境界から南は町中央を流れる熊川まで、東西は国道6号線と海岸に挟まれた一帯。町の中心部はかろうじて外れているものの、複数の集落にまたがる案だった。

さらに年末には、政府が自民・公明両党の提言を受け、原発周辺からの避難民へのサポートを「早期帰還」と「移住先での新生活の支援」という二段構えで行うとする復興指針を閣議決定した。

従来の「全員帰還」という政府方針は、ここに来てようやく方向転換した。地元紙・福島民友が年明けに報じた関係市町村長へのアンケート結果によれば、大熊町長の渡辺利綱の回答は「やむを得ない」というものであった。

第四章　「原発の町」を築いた親子

1

我が家に戻って死にたい――。

大熊被災者の一割弱の人々は、行政の意向調査があるたびに、町に戻る意思を一貫して示し続けてきているが、その多くは必ずしも帰還後の暮らしに具体的な目算があるわけではなかった。どのような形であれ、慣れ親しんだ家で最期の日々を送りたい。理屈抜きの〝心の叫び〟として、そう切望する高齢者が大半を占めていると言われる。

そんな〝帰還派高齢者〟の中でも、問答無用の絶対的存在が、志賀秀朗であった。

二〇〇七年まで五期二十年、町長として大熊に君臨した。引退してすでに五年余の歳月が過ぎていたにもかかわらず、被災後の大熊に中間貯蔵施設の建設計画が持ち上がると、後任町長の渡辺利綱に電話をかけ、「絶対に断れ」と強硬にねじ込んでいる。

では、除染作業によって生まれた福島中の放射能汚染土は、どこに貯蔵すればいいのか。その当面の仮置き場にさえ苦悩する県内各自治体の実情を考えれば、町が国の受け入れ要請を拒み切ることは、もはや至難の業だった。

そんな追い詰められた立場を自覚する渡辺は、志賀の要求に明確な答えは避け、ユーモラスにこう切り返した。

「志賀さん、あなたは以前、最終処分場を誘致しよう、なんて言ってた人でしょう?」

志賀は確かに任期の最終盤、そのことを考えていた。第一原発が寿命を迎えたあとの地域振興策として、原発政策の最大のアキレス腱、日本政府が未だに解決策を見出せずにいる、使用済み核燃料の最終処分場誘致に手を挙げよう、という話である。

志賀自身のことばを借りるなら、原発立地町として「垂れた糞ぐらい、自分で始末せんとな」と思いついたことだという。

もちろん極秘の構想であったため、知る者は限られていたが、渡辺はそのことに冗談交じりで触れたのであった。

実際、志賀は相当真剣に可能性を検討していたらしく、あの「三・一一」の前日にも、すでに町長の座を退いた立場にありながら、専門の技術者を招き、酒を飲みながら説明を受けている。

だが、この日の志賀に、冗談になごむ雰囲気はなかった。

「オレが考えていたのは、ちゃんと安全化した廃棄物の最終処分場のことだ。今回の問題とは全然、話が違う」

苛立ちもあらわに、そう言い返したのだった。

志賀にとって、「大熊への全員帰還」は絶対に下ろしてはならない旗印であり、その妨げになりかねない中間貯蔵施設の建設など、もってのほかだった。

その信念には一分の揺らぎもなく、震災の翌年から何回か彼を訪ねた私自身、帰還の難しさを口にしようものなら、「それは違う」と言下に遮られてしまったものだ。

そんな志賀が二〇一三年十二月八日、避難先のいわき市で世を去った。

八十二歳だった。

「亡くなる前日にもお客さんと酒を飲んでいたくらいで、本当に突然のことでした。次の日の朝、横で寝ていたお袋も気がつかないうちに息を引き取っていたんです」

翌年の五月、いわき市の大熊町役場出張所を訪ねると、復興事業課長を務めている長男・志賀秀陽は、父親の最期をそう説明した。

秀陽ら家族はこの三月、先祖伝来の家がある大熊町・夫沢地区の墓地を防護服姿で訪れ、志賀秀朗の遺骨を納めてきたという。

「遺言はありませんでしたが、絶対に帰るんだ、とずっと言い続けてきた人ですからね」

その晩年、秀朗は家庭でも「土地は守れ、手放してはだめだぞ」と口うるさいほど息子に求めていたという。夫沢地区は、第一原発のすぐ南側。中間貯蔵施設の建設に伴う一帯の国有化計画に、すっぽりと収まってしまう場所だった。

だが、父親のことばに秀陽が頷《うなず》くことはなかった。

「もう、そんな状況ではないんだよ」

なんとかして現実を理解させようと、そのたびに説得を試みた。

「いま思えば、ことばのうえだけでも〝わかった〟と言ってやればよかったかもしれませんけどね……」

だが彼は、自分の父親が、そんな〝その場しのぎの相槌〟で誤魔化せる相手ではないことも、充分にわかっていた。

原発事故の深刻さが理解されて以降、父子のやり取りは、ただひたすら同じ問答の繰り返しだったという。

「あのねエ、そのもっと前から話をしないと、何もわからないですよ」

二〇一二年九月。初対面の私に〝原発の町・大熊〟の歩みを理解させようとする志賀秀朗の話は、そんなひと言から始まった。

一九六一年に行われた大熊町議会の原発誘致決議、その翌年に表面化した深刻な町の財政危機……。

私は、話のきっかけとしてまず、町史で読みかじったそんな知識を口にしたのだが、志賀はそれを遮って戦前の大熊、そして自らの少年時代にまで話を引き戻すのだった。

「私は昭和六年（一九三一年）生まれだから、大東亜戦争が始まったとき、国民学校の四年生。家のすぐそばに軍の飛行場があり、『赤とんぼ』という二枚羽根の練習機で訓練をしてました。ウチでは井戸水を兵隊さんに使ってもらっていて、周辺民家に分宿する教官も、必ずひとりは預かっていた。当時の大熊、双葉地方というのはね、それはもう、何にもないところだったんです……」

私が志賀秀朗を訪ねたのは、大熊の「前史」を聞くうえで、やはり町長を務めていた父・秀正と合わせて三十七年間、町長の座にあった彼ほどにふさわしい人物はないように思われたからだった。

被災直後、志賀夫婦は三カ月ほど県内外の親戚宅を転々としたものの、六月にはいわき市郊外の借り上げアパートに落ち着いた。

在職中から目を患い、すでにその視力はほぼ失われていたが、記憶力や口ぶりは思いのほかしっかりとしていた。傍らに控える妻に、タバコの火をときおり点けてもらいながら、遠い日の思い出を、順を追い、淡々と語った。

江戸時代、大熊を含む一帯は相馬中村藩領の南端に位置していた。隣の富岡から向こうは磐城藩領であった。そのせいか、年輩の町民に聞くと、昭和期まで両町には風習の違いがあり、質素倹約を重んじる大熊に対し、富岡のほうは端午の節句や雛祭り、あるいは結婚式などの祝いごとでも万事華やかであったという。

志賀家は代々、夫沢地区に居を構える藩の在郷給人であった。自らも農業を営む士族である。ちなみに現町長の渡辺も大川原地区の在郷給人で、少し前までの大熊では、こうした家柄がとくに土着の人々には、影響力を残していた。

志賀の曽祖父は明治時代、合併前の大熊の海岸寄りを占めていた旧熊町村の村長を務め、教員だった祖父もスピード出世して、周辺のほとんどの小学校で校長を務めたという。

だが志賀秀朗は、自分自身は質素に暮らす一農民にすぎなかった、と強調した。

「産業といったってコメ作りくらい。戦後は肥料を使うようになって反あたり八俵から十俵とれるようになったけど、それまでは五俵がいいところです。どの家でも長男が家を継ぐのが習わしで、オレも終戦後、双葉高校を出て、すぐ百姓になった。役場と農協、あとは先生になるくらいしか勤め先がない時代です。いまの若い人と違って、自由になるカネなんてまるでない。散髪だって家のバリカンで済ませるし、たまに映画を見るときくらいかな、お袋に『おカネちょうだい』ってせがんでね」

それでも、近隣の住民に比べて志賀家が豊かだったことは間違いない。築二、三百年にはなろうという藁葺《わらぶ》きの生家には、付近には見られない屋根付きの門が設けられていた。

「ウチのほうには『ワラジ脱ぎ』ということばがあるんです」

そう語って志賀は突然、地元民謡の一節をうなってみせた。

〽相馬良いとこ女の夜なべ、男極楽ホントに寝て暮らす……。

そして、江戸時代に浜通り地方にやって来た「真宗移民」について私に説明した。『相馬麦搗《むぎつき》唄《うた》』というこの民謡は、人々に移民を促すためのいわばキャンペーンソングでもあったのだという。

「よその土地から来てワラジを脱ぎ、人の家に世話になる。それが『ワラジ脱ぎ』。ウチにも富山とかあっちのほうから来た人がいて、代々田んぼを貸していた。だから戦後、ホントなら農地改革の対象になったんでしょうが、そういった義理人情の世界だから、ウチでは土地を取られませんでした」

詳しくは後述するが、相馬中村藩への浄土真宗（一向宗）移民とは、天明の大飢饉（一七八二～八七年）で激減した農業人口を補うため、藩が北陸などから密かに呼び寄せた人々を指す。

陸軍の練習飛行場とともに、志賀が少年期の記憶として語るのは、終戦間際に体験した空襲のことだった。のちに第一原発を造るため、飛行場のあった敷地を掘り起こすと、地中から不発弾が出てくることもあったらしい。

『町史』には八月九日と十日、と記されているが、志賀は三日連続で避難生活を送った、と主張する。住民はみな山中に逃げ、隧道の中で夜を明かしたという。

「そしてまた村に戻り、次の空襲に備えて防空壕を掘っていたわけです。そしたら、ラジオから玉音放送が流れてきた。泣く人がいるわけでもなく、ただみんな、ぼさーっとしてましたね」

飛行場の兵士は数日でみな除隊して各地に去り、近隣住民は夜ごと、飛行場に侵入して角材や燃料など軍の資材をせっせと盗み出したという。

「中にはメチルアルコールを酒代わりに飲んで、死んでしまった人もいた。盗みに入ったのはもちろん、資材を売り払うためだけど、たとえば当時、汽車も少なくて、切符を買うにしても、大行列だった。そんなとき、アルコールを手渡して割り込ませてもらう。そんな使い方をする人もいました」

志賀は、人々のたくましさをユーモラスに語り、懐かしそうに笑った。

飛行場跡の敷地は戦後、その大半が西武系の国土計画興業に払い下げられた。国土はここで大規模な製塩事業を始めた。

戦争の末期から終戦後の数年間は全国的に塩が不足して、政府は一時的に個々人の自家製塩を認めた。大熊では国土の製塩事業所ばかりでなく、一般の町民も、それぞれに海水の大鍋を火にかけて、海岸で競い合うように塩作りに励むようになった。前章で取り上げた「ふるさと塾」の髙橋清が、娘たちに実演してみせたという「塩炊き」である。

歌人の佐藤祐禎も、若き日の塩炊きの体験を語っていた。海岸ではそこかしこで火が焚かれ、若者らが夜通し塩を炊き続けたものだったという。

しかし、手っ取り早い現金収入源として多くの住民が飛びついた自家製塩ブームも短命に終わり、専売公社の設立や製法の革新によって間もなく姿を消す。住民たちのアルバイト先になっていた国土計画の製塩所も、ほどなくして閉鎖された。

「結局、原発のできる前の大熊では、農家はみんな農協の借金で食ってたんですよ。次の年の収穫を当てにして、前借りしたカネで一年間、生活する。あとは出稼ぎ。冬だけじゃないですよ。田植えをしたらすぐ関東圏に出て、お盆に帰省したらすぐにまた出稼ぎ。そのあとも稲刈りや正月を除いてずっと出稼ぎ。そんな人が多かったです。また、凶作の年には役場が土方（土木作業）の仕事を出しました。田んぼの畦《あぜ》造りとか、小遣い程度の仕事でしたけどね」

傍らで話を聞いていた志賀の妻が思わず口を開き、「あたしもやったことがある」と笑った。

「町長ん家《ち》の嫁さんが、なんで土方をしてるんだ、なんて言われながらね」

志賀は、自身の二代前の町長として原発を迎え入れた実父・秀正が「とにかく出稼ぎをなくすっぺ」と、よく言っていたことを覚えている。

そう聞いて、私はふと、草野比佐男の詩『村の女は眠れない』を連想した。

秋田や青森ではかつて、出稼ぎによる男衆の不在が、ときに家庭の崩壊にまでつながる社会問題として語られたが、大熊でもやはり、出稼ぎの根絶は人々の願いだったのか。

そう問うと、志賀は「ウーン」と首を捻った。

「そこまで究極的に考えた人はいないんじゃないかなァ」

肩透かしを食うような返答であったが、逆にその率直なもの言いが、彼の回想に信憑性を与えた。

つまり、それほどの深刻な話と考えたわけではなかったが、行かないで済むのならそうしたい。志賀の父親の場合も、その程度の感覚であったのか。

「だと思います」

きっと、その通りだったのだろう。目の前の現実を、まずは受け入れて生きる。草野比佐男のような〝突き詰める人〟はやはり例外的存在で、一般の農民は、とくに忍耐強いと言われる東北人であればなおのこと、そうだったに違いない。

町議会の原発誘致決議に至るプロセスは、どのようなものだったのか。そもそも大熊に原発を、という発想はいったいどこから生まれたのか。

この点に関しては、当時まだ二十代の農業青年だった志賀もまた、詳細を知るわけではなかった。

さまざまな資料や町民の話に登場する人名は、福島県伊達市出身の東電社長・木川田一隆（一九六一年まで副社長、七一年より会長）と、参・衆院議員を経て六四年に知事となる木村守江、その前任の知事・佐藤善一郎、建設地となる塩田跡を所有していた国土計画社長で衆院議員でもあった堤康次郎、双葉町出身の衆院議員・天野光晴、そんな顔触れである。

堤康次郎に関しては、佐藤よりさらに前の知事で、退任後（一九六〇〜六三年）に衆院議員となった大竹作摩の秘書がこう回顧している。

曰く、堤から塩田跡地の買い取りを打診された議員時代の大竹が、まさにその土地が東電の原子力発電所の建設候補地になっていることを告げたのだという。

「よいことを教えてくれた」

そう喜んだという堤はそれ以降、用地の売却を渋る態度を見せ、買い取り価格を釣り上げることに成功している。

つまり、堤自身はそもそもの原発構想にかかわってはいない。原発建設への関与を、自ら強調しているのは木村守江だ。

開沼博『「フクシマ」論』などによれば、木村が原発に関心を抱いたのは一九五五年にヘルシンキに外遊した際、原子力会議と博覧会を目にしたのがきっかけだったという。双葉町の支援者の前で、福島原発の建設構想を明かしたのは二年後の五七年。大熊町議会の誘致決議(六一年)や、東電の資料で「佐藤知事から木川田副社長(当時)に原発の誘致が打診された」とされる六〇年よりも早い時期のことだ。

双葉郡に縁の深い政治家・天野の名もしばしば耳にするが、具体的にどんな役割を果たしたのかは定かでない。

東電が福島第一原発の調査所仮事務所開設四十五周年を記念して出版した記念誌『共生と共進――地域とともに』には、原発の建設が正式に発表される半年余り前、六四年の春に木川田社長と木村知事、志賀秀正町長の三人が、地名では長者原という地区にある塩田跡(飛行場跡)を視察した様子が、ジープを運転した職員の思い出として綴られている。

《現地は一面が背丈以上の萱に覆われ（略）戻る道が分からなくなり、木村知事と木川田社長が互いに「出口はこっちでしょう、あっちでしょう」などと話をしていたことが思い出される》

また、東電の別の資料にはその前年、女性社員とふたり、ピクニックを装って〝お忍び〟で現地調査をした社員によるこんな回顧も載っている。

《夜宿で食事をしている時突然志賀大熊町長が四斗樽を持って挨拶に見えた。「陣中見舞に酒を持ってきました。私は東電原子力発電所に町の発展を祈念して生命をかけて誘致している。本当に東電は発電所を造ってくれるのですか」と真剣な眼差しで語られその気迫に圧倒された》

（『福島第一原子力発電所1号機運転開始30周年記念文集』）

志賀秀正は、調査に使ってくれと車まで提供したといい、この社員は候補地がまたがるもうひとつの自治体・双葉町の田中清太郎町長と比較して、志賀の熱意がはるかに上回っていた、と振り返っている。

これらの情報を総合すると、長者原地区への原発建設は、副社長時代の木川田と代議士の木村、佐藤知事らの間で動き出し、地元には、計画の大筋が固まったあと話が降りてきたものと見てよさそうである。

志賀秀朗は「親父と木村さんの関係は決してよくなかった」と打ち明ける。

彼の父・秀正は、母校の旧制相馬中学で一年後輩にあたる齋藤邦吉代議士の熱心な支援者で、齋藤と木村は旧福島三区でしのぎを削るライバル関係にあった。前任の町長・小畑重と木村が特別に親しかった、という話も「聞いていない」と言う。

これもまた、大熊への原発建設が「下からの働きかけ」による誘致ではなかった、という見方を補強する話である。

私がその可能性を疑った理由は、町議会の誘致決議と相前後するように、町の財政破綻が発覚した、という記述を町史に見つけたからだった。

『町史』によれば、町の財政再建計画を付託された総務常任委員会がその結果を報告したのが、一九六二年の九月定例会。説明に立った総務委員長は次のように説明している。

《合併当時からの熊町屋体（屋内体育場）、大野小中学校の建設、役場庁舎の建築により架空の予算を見込んだために赤字を生じたのでありまして、最早七、八年もたっておりますので、赤裸々に町民に知らせ、県財政指導監査を待って計画案を具体化することにしたい》

見積もりの甘さからか、さまざまな箱モノの建設費が払えなくなり、初代町長の小畑は年末に予定されていた町長選での三選出馬を辞退せざるを得ない立場に追い込まれた。

「ちょっと覚えていませんねえ」

志賀秀朗の記憶には、この騒ぎは残っていなかった。

「何にしても、あのころの町は、それはもう貧乏でしたから」

私は、会津若松の仮設役場で耳にした昔話を志賀に伝えてみた。

――当時、収入役だったお父さんは、町職員の給料がしょっちゅう払えなくなり、自ら借金をして歩いたそうですね。

志賀は笑いながら頷いた。

「そんな状態だったんです。役場には毎週、『出納日』というのがありましてね。水曜日だったか木曜日だか、よく覚えてないんだけど、鉛筆やら何やら買っても払うカネがないんだわ。だから民間の金融業者に借りるんです。親父が業者に電話して、カネを運ぶのはオレ。浪江の業者にも行ったし、大熊にも一軒か二軒、金貸しの業者がありました。住民税が入るのは毎年、コメの収穫のあとだから、結局、最後には収まるんだけど、四月から十月くらいまではなかなか容易じゃなかったです」

志賀によれば、収入役時代の父親は出納日になると、集金に来る業者から逃れるため役場から消え、町の酒屋で昼間から酔っぱらっていたという。

「昔の収入役ってのは、村が破産しても保証できる人でないとなれなかったらしいです。まあ、面白い時代でしたよ」

長者原への原発建設が内定すると、用地買収はスムーズに進んだ。反原発どころか、原発とは何か、ということについてさえ、人々がまだピンと来ない時代だった。

志賀によれば、当初の段階では、町が良くなる、豊かになる、といった話が取り立てて盛り上がったわけでもなかったという。

「一号機ができる寸前になってからは、さすがに期待する声も出てきましたけどね。初めのうちは電源三法交付金なんて制度もなく、特別なカネが町に入るわけでもありませんでしたから」

計画が着々と進んだのは「なんとしても、県が本気だったから」と志賀は説明する。東電社員の回顧などを見ると、町役場の熱心さが強調されているが、一例として、原発職員用の独身寮を造るために、町長が直々に地権者を口説き落とした、という資料で見た逸話を取り上げると、「あれは、たまたまです」と苦笑した。

「その人は財産家で、カネに執着するような人じゃなかった。で、ウチの親父が相馬中学の先輩だったから、親父が言えば話が早く進むだろうって。それだけのことです。相手が学校の先生だったから朝が早い。その出勤前に家に行ったりしたから、そういう話になったんです。親父がそんなふうに何でも出て行ったわけじゃないですよ」

一九六四年十二月。町の中心部、常磐線大野駅前の空き事務所に原発の開設準備事務所の看板が掲げられた。

「百姓じゃ食えないだろ」

父親の口利きで、志賀もまた「常用職員」としてこの事務所で働くことになった。七一年に一号機の操業が始まると、簡単な口頭試問を経て東電の正社員となったが、それまでは契約社員のような身分だったという。

準備事務所で最初に任されたのは、原発用の港湾を築くため、海流を調べることだった。海底に沈めた流速計は週一回、記録用紙を交換しなければならず、志賀は毎週、船を出し、クレーンで機械を引き揚げる作業をした。

建設用地の調査で、長者原の台地を歩き回ることもあった。

「現場を歩くと、オレらより東電の人のほうが足が速いんだよ。山歩きで東京モンに負けるか、なんて思ったら、とんでもない。向こうはいろんな発電所で調査をやってきた人ばかりだった」

東電の社員らは、鶴城館という大野駅前の旅館を宿舎にした。志賀の父親は頻繁にここを訪れては、彼らに酒を振る舞った。

「東電の人から苦情が出るくらい毎晩飲ませてた。次の日はもう、仕事にならないほど。親父も酒好きだったからな」

このようにして、工事は着々と進められていった。

2

大熊が「原発の町」となってからの話は、日を改めて聞いた。

変化は一九七〇年代に猛スピードで訪れた。

七一年の一号機に続いて、二号機、三号機と原子炉が次々と営業運転を始めた。七九年には双葉町の敷地にある最後の六号機も始動して、第一原発が完成した。そこに至る約十年の建設期こそ、大熊にとっての〝ゴールドラッシュ〟の時代だった。

町役場によれば、町民ひとりあたりの「分配所得」（法人所得も含めた住民あたりの平均所得額）は一九七〇年に県内トップとなり、以後、震災まで一位の座を維持し続けてゆく。

着工前、六六年の段階では十八万四千円で五十六位。それが七〇年には五十四万五千円となり、七六年には実に二百万円を突破して、県平均の倍近くに達するのである。「所得倍増」どころの話ではなかった。

電源三法の交付金支給が始まるのは七四年。このころから原発からの固定資産税も納められるようになる。こうして大熊は、町民個々のレベルでも、自治体としての歳入でも、降って湧いたような豊かさに包まれてゆく。

一方、それまで皆無に等しかった反原発運動が、町の周辺で動き始めたのも、この前後からのことだ。富岡・楢葉両町にまたがる福島第二原発では、計画が発表された六八年から反対運動が起き、東北電力が浪江町に計画した原発建設も住民の反対に直面した。

第一原発の構想が生まれた時代には、世間一般の原発イメージは、ただ純粋にバラ色の未来技術だった。広島や長崎の被爆体験を思い起こす人もいなくはなかったが、それはただ漠然とした、ことばのうえでの連想にすぎなかった。

しかし、七〇年前後から原発の安全性をめぐる論議が湧き起こると、大熊の人たちも、自らの町に誕生した施設が、そのように世論を二分する対象であることを、少なくとも知識としては知ることになる。

「それでも、大熊町内に反対派はいませんでしたよ」

歌人の佐藤祐禎とも親しい間柄だった志賀秀朗だが、自信をもってそう言い切るのだった。

志賀はその理由を、町民の多くが原発関係で働く「現実」が、すでにでき上がっていたからだ、と説明した。

それはつまり、人々が原発と身近に接してゆく中で、その安全性を確信した、ということか。

それとも、原発で飯を食わせてもらっている以上、不安を口にしてはいけない、という義理立てのような感情ゆえのことだったのか。

「うーん、そう聞かれると、わかんねえなぁ」

志賀は、やはり率直な人物であった。

彼の父・志賀秀正は五期目の当選を果たした翌一九七九年夏、六つの原子炉の最後となる六号機の運転開始を目前に他界した。そして、助役だった遠藤正が次の町長に選ばれた。

東電社員となった志賀秀朗が第四代の町長に初当選するのは、八七年のことだ。

第一原発の五号機、六号機を管内にもつ隣の双葉町では、社会党県議だった岩本忠夫が反原発派から〝転向〟して、その二年前に町長に就任した。この岩本町政も、五期二十年間に及んだ。

同じ第一原発を分かち合う大熊と双葉が、このふたつの長期政権の間に大きく明暗を分けてゆくのである。

もともと両町では、大熊の四基、双葉の二基と原子炉数に差があるうえ、関連企業の事務所も大熊側に偏って多かったため、税収や交付税には格差が存在した。

だが、両者のコントラストはそういった問題ではなかった。

大熊は、全国でも東京都と五十四市町村（二〇一三年度）だけがその立場にある、地方交付税の不交付団体、つまり財政が豊かなため交付が不要とされる自治体に含まれている。一方の双葉町は二〇〇九年、あの夕張市のように財政破綻する一歩手前の町として、総務省が「早期健全化団体」と認定する全国十三自治体のリストに名を連ねることになってしまった。

「オレも詳しくは知らないけど、双葉は下水道整備で無理をしたらしいね。こっちは、親父の時代から民間で借金したりして苦労してきたから、卑しいっていうと何だけど、カネの大事さを強く感じながらやってたんだ。課長がもってくる予算の査定でも、『自分のカネだったらそんな使い方をしないだろう』なんて言いながらね」

町役場の幹部職員が解説するところでは、大熊の場合、起債による単独事業を原則として行わずにきたことが、効を奏したという。国はバブル期の税収増を背景に、一九八〇年代の半ば、自治体による起債の制限を緩和したうえに、その額が大きいほど地方交付税を多く配分する方式を始めた。つまり、借金による自治体経営を奨励したのである。

全国の自治体は競うようにリゾート開発や箱モノ造りに奔走し、バブル崩壊後、その多くが膨れ上がった債務を抱え込んでしまった。双葉町の場合、この八〇年代当時から、まだ白紙だった七号機や八号機の増設まで当て込んで、起債による事業を重ねてしまったのだった。

「国が言うようなバラ色の将来が続くわけがない。我々はバブル時代から、そんな醒めた見方をしていたのです」

この幹部職員は誇らしげに、そう語った。

八〇年代後半といえば、私が秋田にいた時代である。確かにあの当時、各自治体はさまざまな町おこし、村おこし事業を繰り広げていた。

ただ、思い起こしてみれば、全国的な好景気の恩恵を受けながらも、地方の町や村は過疎や高齢化に歯止めをかけようと、それぞれに必死にあがいていた。大熊が国による〝借金奨励〟に踊らされなかった背景には、そういった悩みと無縁だったから、という側面もあったのではないか。

「確かにそういう危機感はなかったな」

志賀もあっさりと認めた。

福島県内で大熊が抜きん出ていたのは、収入面だけではない。二〇一〇年の県のデータを見ると、県内で四町村だけの「人口増加自治体」で大熊は増加数・増加率ともにそのトップを占め、十四歳以下の「年少人口」の比率でもやはり県内一を誇っている。

私は、今回の原発事故による大熊被災者の大きな悲劇として、子や孫と同居したり身近に住んだりして老後を送っていた高齢者の多くが、突如として別居を強いられた問題があると受け止めている。しかし、裏返して言えば、すさまじい勢いで全国に限界集落が広がってゆく中で、この町は三世代同居が当たり前のように続く〝浮世離れした高齢者のユートピア〟だったのである。

言うまでもなく、それは大熊が「原発の町」であったことの恩恵であり、あの「三・一一」によって〝玉手箱の蓋〟は一気に開けられてしまったのだった。

原発という〝魔法の杖〟が永遠のものではなく、いつかは耐用年数を迎えることは志賀の時代からわかっていた。当初言われていた三十年から四十年、そして五十年へとその幅は延長を重ねていたものの、〝ポスト原発〟への備えは、志賀秀朗のテーマであり続けた。

前任者・遠藤正の時代から、町は工業団地の造成を進め、志賀の就任後、計七社の誘致に成功した。それでも新たな雇用は数百人程度で、〝原発後の時代〟に対応できるほどの規模には到底なり得なかった。

やがて、東電との接触の中で、廃炉後も第一原発の敷地内に新たな原子炉の建設が可能なことがわかり、志賀の思い描く町の将来像はそうした方向へと傾いてゆく。問題は廃炉から次の炉を建設するまでに、十五年から二十年ほどの空白期が生まれることだった。

だからこそ志賀は、使用済み核燃料の最終処分場誘致という〝奥の手〟を極秘裏に検討したのだった。

一方で志賀の時代には、第一原発や近くの第二原発で小規模な事故や不祥事が表面化する出来事も相次いでいた。

中でも大きなニュースになったのは、第二原発で原子炉再循環ポンプの部品が破損して原子炉内に多量の金属片が入り込んだ一九八九年の事故だった。二〇〇二年には、第一と第二、そして柏崎原発におけるトラブル記録の改竄《かいざん》も発覚した。

第二原発の一件に関しては、志賀自身も「大きな騒ぎになった」と記憶している。

その地元、富岡・楢葉両町では、原子炉の再稼働について住民投票を求める動きが大きな盛り上がりを見せた。大熊に直接かかわる動きではなかったが、志賀も郡町村長会のメンバーとして対応に追われた。

ちなみに志賀の町長就任はチェルノブイリ事故の翌年であり、第二原発の事故はさらにその二年後のことだった。一連の動きが志賀の目に「大騒ぎ」と映ったのは、反原発運動と無縁に近かった大熊でも、安全を求める住民意識の変化が感じ取れたためではなかったか。

「そうかもしれない」と、志賀も頷いた。


私の志賀家訪問は都合三回に及んだ。その間に一家はアパートから一戸建てへと、借り上げ住宅を移り住んでいた。三度目の訪問時には、第一原発の警備部門で働く息子一家が遊びに来て、ちょうど引き揚げるところだった。震災後は復旧作業にもかかわっていたという。

「なんでももう、放射線を限度いっぱいまで浴びちゃってるそうです」

立ち去った息子について、志賀がそう説明した。

さすがに事故後の原発での作業には、身内として不安も感じるのではないか。

「中には辞める人もいるそうですがね」

中途半端な志賀の呟きを、傍らにいた妻が補った。

「あの子ももう四十五ですから。いまさら転職しようにも、難しいでしょう」

私が志賀秀朗のもとに繰り返し通ったのは、もちろん歴史の証言者として、その存在を重視したためだったが、もうひとつ、より大きい目的があった。

第一原発の建設決定から約五十年。「原発の町」としての大熊を生み、育てた地元の中心人物をあえて挙げるなら、それはやはり志賀親子をおいてほかにない。

その選択こそが大熊を福島一の豊かで若々しい町にしたと同時に、今回の悲劇をも生み出してしまったのである。

胸中にあるのは、後悔か諦めか、あるいはまた、あくまでも非は認めない意地のようなものなのか。私はなんとかして志賀の口からそれを聞いてみたかった。

志賀自身の説明やその他周辺情報を総合して考えれば、第一原発はやはり、地元の力で生まれたというより、〝天から降ってきた〟とでもいうような形で現れたものだった。

原発のリスクをまだほとんどの国民が認識しなかった時代。その一九六〇年前後には、一方でまた、地方の衰退がその後、これほどの激しさで進むこともまだ、ほとんど予想されていなかった。

万にひとつの壊滅的リスクを考慮して、原発という〝劇薬〟を封印し、過疎や高齢化に押し流されてゆくか、それとも事故の可能性には目をつぶり、町の生き残りをかけて劇薬を飲み込んでしまうか――。

初代の小畑町長や志賀の父・秀正にしてみれば、自分たちの選択がまさか、そのような〝究極的な二者択一〟だったとは、思いもしなかったに違いない。息子の志賀秀朗の時代には、薄々は感じるものがあったにせよ、今回の福島の事故を目の当たりにし、起こり得るすべての可能性を理解したうえで、それでもなお原発の新設や再稼働を訴えている現在の自治体首長とは、明らかにその立場は違う。

いずれにせよ、起きてしまったことは、取り返しのつかないほど大きなことだった。

福島民報の『福島と原発　誘致から大震災への五十年』によれば、東電の会長となった木川田一隆は一九七〇年代前半、第二原発の反対運動に動揺する知事・木村守江に向かって、「原子力発電は危なくない。何かあれば自分が腹を切る」と言い切ったという。

だが、木川田のあとを継ぐ東電の幹部たちは結局、誰ひとり腹を切ることはなかった。たとえ自らに直接的・法的な過失はないとしても、起きたことの大きさに自責の念を感じるリーダーはいなかったのだろうか。

その問いを発する残酷さを充分に自覚しながらも私は、回りくどい、奥歯にものの挟まったような言い方で、志賀にその胸中を繰り返し尋ねた。

「私としては、いい町をつくってきたつもりなんですよ。それなのに、そこに帰れない。町民が散り散りになって窮屈な暮らしをしている……これはもう、やるせないですよ」

さまざまに角度を変え、問いかけてくる私に対応し、そのことばに達したとき、志賀の声は震え、不自由な目は潤んでいるように見えた。

原発によって豊かな町を築いてきた。そんな自負を抱く志賀の胸中では、自らと父・秀正がこの世に存在した意義をゼロにもしかねない過去の全否定は、どうしてもできないものなのだろう。だが、目の前には、悲惨な現実がある。

私は、彼が大熊一、強硬な〝絶対帰還派の頭目〟であり続けたのは、ただ単に「自宅で死にたい」という個人的な思いだけのことではなかった気がする。帰還の断念は大熊町の消滅にほかならず、もし事故がそのような究極の結末を生んでしまったら……。

その取り返しのつかない結果責任を思ったとき、志賀はもう、それこそ腹を切る以外にないような精神状態に追い込まれたのではないだろうか。

だからこそ志賀は、〝帰還論〟を掲げる現町長・渡辺利綱をも霞《かす》ませてしまうほど、〝現実離れした強硬論〟に取り憑かれたのではなかったか。

町がまとめた第一次の復興計画に「五年間は戻れない」という前提が盛り込まれたとき、志賀は私にこう語った。すでに震災から一年余が過ぎていた時期である。

「五年間は帰らないなんて、そんなことを言うのはまだ早い。まずは、国の責任で除染をやるべきです。カネがないなんて話は、聞いてられんですよ」

さらに遡れば、年明けの町の「議会だより」には、シベリア抑留者の望郷をうたった戦後の流行歌『異国の丘』をなぞって、こんな詩の投稿もしている。

《今日も暮れゆく
異郷の郷に
皆さん辛かろ切なかろう
我慢だ待っていろ
みんなで頑張れば帰る日が来る
春が来る
必ずみんなで帰りましょう》

時を追うごとに、帰還を諦める被災者は増え続けてゆく。しかし、志賀はあくまでもその〝現実〟から目をそむけようとした。

「私はまだ、帰りたい人のほうが多いんじゃないかと思ってる。私もそのひとりだけど、大熊には、特別功労賞をいただいた人が十何人かいるんです。勲五等以上の勲章をもらっている人。

消防関係や教育、議員なら四期以上……。そういう人たちに、いろいろ話を聞く機会を設けたらいいと思うんだよね」

自分を含めた町の長老を集め〝元老会議〟とでも呼ぶべき集団の圧力で、町政に影響を及ぼしたい。そんな突飛な意見さえ、志賀は口にした。

中間貯蔵施設の問題でもそうだった。矛先は私にも向けられた。

「もともと原発の恩恵を受けてきたのはあんたたち、関東の人でしょ。どうしてそっちで造ろうとしないのか。国はまず、そういう努力をすべきじゃないですか。永田町の地下に埋めるとかね。痛みを分かち合うという姿勢がまったくない。だから腹が立つんですよ」

結局は、個人的な望郷の念というよりも、町の消滅という究極の結末を頭から振り払う責任者としての思いから、志賀秀朗はドン・キホーテ的な強硬帰還論者であり続けたのではないか――。

彼の死から五ヵ月を経た二〇一四年の春、私がそんな解釈をぶつけると、長男の志賀秀陽は静かに頷いた。

「確かに、そういった部分もあったと思います」

そして、こう付け加えた。

「私も、そうした思いまで汲み取って親父と話をすればよかったかもしれません。でも、実際には『帰れるわけないだろ』と。そんなことしか言えませんでした」

そもそも大熊に原発など造らなければよかった。責任は志賀秀正・秀朗親子にある……。そんな批判的な空気を、志賀秀陽自身は感じることはあるのか。

「町民から直接、言われたことはありません。ネットには書かれているようですけどね。でも、大熊の人でもそう思っている人はいるでしょう。そのへんのところは私も重々承知しています」

志賀秀朗の死後、ある年輩の町民が呟いたひと言が印象的だった。

その人物は、志賀が他界したことに痛ましさを覚えると同時に、それがこの時期であったことに、ある種の〝救い〟を感じる、と言った。

「中間貯蔵施設の建設が決まって国有化が進められてゆく。大熊でこれから起こるそういった出来事を生きて目の当たりにしたら、あの人はとても耐えられなかったでしょう」

その痛みを本当に我がものとしなければならない人々は、もっと〝上の立場〟にいる。私にはそう思えた。

第五章　「チベット」と呼ばれたころ

1

砂利石の敷地に車を乗り入れると、手前の棟の角部屋にサッシ戸を通して動く人影が見える。会津若松市の中心部にほど近い東部公園仮設住宅。近隣の入居者が入れ替わり出入りして〝溜まり場〟になっているこの部屋の主は、星野明と伴子という老夫婦だった。

裏手にある玄関に回らずに、サッシ戸から中を覗き込むと、「あら」と言って伴子がすぐ引き戸を開けてくれる。そうやって私は何度となくこの家に上がり込んできた。

たいていの場合、部屋では誰かしら来訪者がお茶を飲んでいて、私は彼らのやり取りに聞き耳を立てるだけで、その時々の人々の思いをある程度、知ることができた。二〇一三年秋の訪問時に会津美里町への定住者・佐々木百合男のことを知り、訪ねたのも、思えばこの部屋での雑談からだった。

会津若松の仮設住宅では、大熊での地域ごとに概ね入居者が固まっており、ここ東部公園仮設では、JR大野駅周辺にいた住民が大半を占める。駅前という場所柄から何らかの商店を営んでいた人が多い。

星野夫婦の商売は、自転車店だった。

私は震災が起きる以前の大熊について、前町長の志賀秀朗だけでなく、一般の年輩者からも昔話を集めようと思い、その作業の第一歩を話を聞きやすいこの星野伴子から始めた。震災から一年余を経たころのことだ。

「寂しいところだなって思いましたよ。夜中に下宿の部屋にいると、夜汽車の汽笛がポーッ、ポーッて聞こえてね。家なんかもほんとに、パラッパラッとしかありませんでした」

山形県に生まれ育った伴子は一九五七年、看護師として個人医院で働くため、大熊にやって来た。自転車の修理技術を学んできた星野明と三年後に結婚、ほどなく自分たちの店を始めた。

「東北のチベット」

「福島のチベット」

原発以前の大熊にまつわる資料には、こうした身も蓋もないフレーズが決まり文句のように登場する。公的な町史においてすら例外ではない。

いまどきの感覚では、引き合いに出されたチベットの国にも失礼に思えるが、そもそもこの比喩がいまひとつピンと来ないのは、海沿いの土地にはどうしても開放的な印象がつきまとうためだ。山岳国名を引き合いに出されても、イメージが湧かない。

私は、伴子ばかりでなく、県内陸部から大熊に嫁いできた女性からも「ずいぶん奥深いところに来てしまったと思った」という〝第一印象〟を聞かされていた。

奥深い、と言えばやはり山国の形容で、そのときにも私は、首を傾げたものだった。

こうした表現をある程度、理解できるようになったのは、その後、住民の一時帰宅に随行して、自分の目で大熊の雰囲気を確かめてからのことだ。

要は、人家のない集落間に鬱蒼と生い茂る林の存在と起伏のある地形、海辺に出なければなかなか見通せない海岸風景、といった条件が重なって、ときにはまるで山村にいるかのような錯覚に陥る、ということだった。

原発一号機の建設当時を回顧する東電社員の文章を眺めても、「とんでもない田舎に来てしまった」と、着任時のショックを綴っているものが、いくつもある。

すでに高度成長期に入っていたこの時期にも、そんな環境下にあった大熊だが、まずは星野夫妻らの世代よりさらに以前、もはや肉声で証言を聞くことの叶わない時代の状況を、駆け足でなぞっておくことにしよう。

すでに触れてきたように、江戸時代、ここ大熊の地は磐城藩との境界の地であった。さらに遡れば、奈良時代の『常陸国風土記』に常陸国多珂郡の北端として「苦麻村」という地名が見えるのが、史書に現れるこの地域の最初の記述である。

そんな時代から、一帯は〝境界の地〟であり続けてきたわけである。

ここで起きた歴史上の特筆すべき出来事は、今回の原発事故を除けば、やはり天明の大飢饉であっただろう。

『相馬市史』によると、このときの相馬中村藩の惨状は、『天明救荒録』という文書に記録されている。

《老弱は溝壑《みぞたに》に転び死し、壮者は四方に散じ、父母に離れ夫妻に別れ、老て養はるべき子を失い、幼ふして育るべき親に捨られ又は他国へ売られ奴婢となり、寡《やもめ》となり、飢怠《ひだる》さの餘り行先当もなく奔《はし》り出、古椀抱て食を乞》

《飢の苦しみ堪難く姉の身として妹の死骸をそぎ焙りてこれを食《くらい》けるものあり、又は川にて度々

何か晒し洗ふものあり後聞ば人の肉なりといへり》

《或職人の妻我が子に食を与へず、己勝《おのれがち》に食しければ子は終に死せり、即母其子の肉をそぎ食しけれ共、人の肉を食ふものは存命《ながら》えがたきもの故終に死せりと也》

領内でも、最南端に位置する大熊地方の被害は、人口密度が比較的薄かったせいか、他地域ほどではなかった、と大熊町史は伝えるが、それでもこの数年で相馬中村藩全体の人口は約三分の一にまで激減してしまったと言われる。

こうして労働力不足に陥った相馬中村藩が、浄土真宗（一向宗）の信徒を移民として迎え入れたのは、飢饉から二十数年が過ぎてからのことだ。それまで、領内では真言宗や臨済宗の信仰が一般的だったが、北陸など浄土真宗信徒の多い地方では、信徒に間引きの習慣がなく、増えすぎた人口による土地不足が問題になっていた。

そこで藩と浄土真宗の間で密かに合意が成立し、宗派が呼びかける移民募集に数多くの信徒が応じたのだった。

ただし、大熊に限って言えば、入植者は北陸の出身者より、中国地方や南紀方面の農民が多かったという。城下に近い地域から入植地が割り当てられたため、領地の外れにある大熊の土地は、いわば〝残りもの〟として少数勢力に回されたらしい。

幕末には、大熊地方にも激動の余波が訪れた。一八六四年には幕府側勢力との戦いに敗れた水戸藩・天狗党の残党が現れ、この地で捕吏に捕らえられた記録がある。

ちなみに、この天狗党については、あの草野比佐男とも不思議な因縁があった。その著書『わが攘夷』に、草野から五代前の祖先が天狗党の「一味」だったと記されている。草野の妻・満里子の話では、その天狗党の男は敗走し二児を連れて現いわき市の三田地区に現れ、子供を地元民に託して他界した。その遺児のひとりが養子として草野家に引き取られたのだという。

相馬中村藩は戊辰戦争では奥羽列藩同盟に加わり、官軍の北上に備え、大熊でも浜街道の熊駅（現・熊地区）に大砲や兵が配された。

いわき市や双葉郡内は官軍と奥羽列藩の戦場となり、大熊の住民は、在郷給人は兵として、農民も夫卒として駆り出された。しかし官軍の勢いは抑え切れず、熊駅は敗走する仙台藩部隊によって火が放たれ、焼き払われてしまう。

明治期を迎えると、一帯には当初は標葉《しねは》郡、のちに双葉郡が置かれた。海沿いを占めていた熊町村と内陸側の大野村が合併して「大熊町」が生まれるのは、戦後の一九五四年。星野伴子が看護師として働き始めるのは、その三年後であった。

寂しい町、貧しい町だった――。

年輩の町民は、誰もが「原発以前」をそう語る。

二宮尊徳による統治策「二宮仕法」を取り入れた旧相馬中村藩領では、農民が地主と小作人に分化せず、比較的平等に共存していたが、明治期の二度の凶作を経て借金のために農地を手放す者が増え、大熊でも貧富の差が現れるようになった。

そうした事情もあり、白米を存分に食べられる家は戦後までそう多くなかったという。

高度成長期には、建設現場への出稼ぎが最盛期を迎えた。星野家の実家は農家ではなかったが、明は結婚前、自転車店の開業資金を貯めるために、静岡で建設中だった水力発電所の隧道工事現場で出稼ぎを経験した。

「飯場には、大熊の知り合いが何人もいました。私の父親も出稼ぎに行っていましたし、当時はそれが普通だったんです。黒部ダムの現場とか、行き先は人それぞれでした」

ある資料によれば、東京五輪前に築かれた江の島のヨットハーバーの建設現場にも、十人ほどの大熊町民がいたという。

そしてもうひとつ、こちらは出稼ぎよりずっと人数は少ないが、戦前・戦後の一帯に見られた現象に、南米移住がある。

一九七七年に発行された在伯（ブラジル）福島県人会の名簿を見ると、会津地方の出身者と並んでその数が抜きん出て多いのが、双葉郡出身者であった。

星野明の知人、あるいはまた、第二章で取り上げた遍照寺住職・半谷《はんがい》隆信の身内にもブラジルに渡った人がいたらしい。

星野明の父親には、家族を連れ北海道に移り住み、開拓農民や炭鉱夫として働いた時代もある。明はその北海道で生まれている。その後、炭鉱の閉山でやむなく大熊に引き揚げたが、遡れば星野家も貧しい大熊から脱出を試みた一家族なのだった。

『大熊町史』によれば、町役場は合併から四年後に「新市町村建設基本計画書」をまとめている。冒頭には、こんな一文がいきなり登場する。

《人口は急速に過剰を示すとは考えられないが、後述の所得、生活水準よりおして、又町有施設等よりして現状を当分維持させるべく、二三男の対策に重点を置き、就業職の斡旋、海外移民等、町外への飛躍を図る》

この時代、町外への〝口減らし〟は、大熊町政の最重要課題だったのである。

町史はまた、二村合併で誕生した大熊町が最初に直面した問題は、大熊という町名そのものをめぐる対立だったと伝えている。大野・熊町両村から一字ずつ取ったこの名前は、旧大野村住民の間で評判が悪く、「熊という獣の名を取り入れた名前は奇怪千万」として変更を求める運動が、町政施行の翌年まで続いたという。

チベットというたとえは不適切とはいえ、大熊はやはり、どこをどう取り上げても、貧しく垢抜けない田舎町だった。

2

原発建設によってその光景を一変した大熊町。建設現場となった海沿いの長者原地区を除けば、変化の度合いが最も著しかったのは、大野駅前の商業地であった。労働者の落とすカネを当て込んで、数えるほどしかなかった食堂や酒場が瞬く間に急増した。

「五十軒じゃきかないと思いますよ」

そう振り返る山本千代子も、星野夫婦と同じ東部公園仮設で避難生活を送る被災者のひとりである。大熊では、スナック『より道』のママとして知られていた女性だ。

大熊町商工会の女性部長も務める山本は、北海道の生まれだが、一九七八年に双葉町出身の山本進彦と結婚、夫婦は手分けをしてカラオケスナックや居酒屋を営み、原発建設による〝ゴールドラッシュ〟後半の繁栄を享受したのだった。

「最初の十年くらいはね、それこそ黙ってても、いくらでもお客さんが来てくれた。『いやあ、昨日は腱鞘炎になっちゃいましたよ、おカネを数えすぎてね』なんて、そんな冗談を言い合ってたくらい。ウチは大熊でいちばん早くカラオケを始めたんだけど、騒音で近所迷惑になる、ということで、途中から場所を変え六十人くらい入れる店にしたんです。ステージを造って防音工事もして。でも、それだけ店を広げても、お客さんが入り切れなくて断っていましたから。それも、毎晩のことですよ」

原発建設期の〝夜の賑わい〟は、どの町民の記憶にも鮮烈に刻まれていた。ある婦人服店を営んでいた男性は、水商売用の妖艶なドレスの発注に戸惑った思い出を振り返り、別の商店主は、労働者同士の壮絶な喧嘩に度肝を抜かれた体験を生々しく語った。どの逸話も、寒村だったころの大熊では、想像もできないものだった。

「確かに初めのころは、刺青《いれずみ》があるようなガラの悪い人も来ましたけど、ウチはあんまりタチの悪い客は主人が追い返したので、その点は大丈夫でした」

しかし、六号機までの建設がひと通り終わると、それからは各原子炉の定期検査（定検）に合わせて労働者が集まっては去る形となり、夜の客足にも〝谷間の時期〟が生じるようになった。それでも、初期の定検は毎回半年から八ヵ月にも及び、〝谷間〟はごく短いものだった。

「それがコストカット、コストカットで、二、三ヵ月で定検が終わるようになっちゃったでしょう。残業も増えたから、皆さん、飲みに出る時間もなくなっちゃってね」

夫婦は一時、フィリピンクラブも営んだが、やがてホステスの入国審査が厳しくなったため、以来、隣り合った店の一方で夫が居酒屋を、もう一方で千代子がスナックを切り盛りする形で、震災まで営業を続けていた。

客足の衰えは、定検の短縮だけが理由ではなかった。第二原発の事故で社会的批判にさらされたこともあり、下請けや出入り業者による元請けの接待が自粛され、業界の出張経費も切り詰められるようになった。

「それでもまあ、地元のお客さんを大事にしていれば、なんとかやっていける感じでは続いていたんですけどね」

夫婦には副業もあった。二十人ほどが入れる賄い付き下宿の経営で、入居者の大半は日立製作所の社員が占めていたという。

「下宿屋は大熊だけでも二十軒から二十五軒ほどありました。何か商売で店を構えている人が、建物を増築して下宿屋もやるパターンが多かったです」

千代子はやがて商工会女性部の活動にも加わり、地元経営者のひとりとして、東電のさまざまなイベントに参加するようになる。

「柏崎と福島、そして東京で行われるエネルギー懇談会は毎年ありましたし、九州や大阪のイベントにも行きました。『共生共存、地域密着、安心安全』ってね。このキャッチフレーズはいまでも頭をぐるぐる回ってます。私たちは結局、東電のおかげで暮らしていたわけだから、東電に頼まれれば、協力するのが当たり前だと思っていましたね」

自営業の山本さえそうだったのだから、原発そのもので生活の糧を得る下請け業者や労働者が、東電に従うのは当然のことだった。

原発で働く、とひと口に言っても、現場では東電や日立、東芝といった大企業社員を頂点に、幾層もの巨大ピラミッドが形成され、日雇いの末端労働者に至るまで、実にさまざまな雇用形態の作業員が存在した。

かつての志賀秀朗のように、農家から東電の正社員に中途採用されるケースは稀《まれ》だったが、出稼ぎで生活を支えてきた住民の多くが、原発周辺に仕事先を見つけた。

中には、自営業者として下請け構造に入り込み、「人夫出し」と呼ばれる労働者派遣業を始める町民もいた。地元の人々が原発に働き口を探す場合、こうした人夫出し業者へのつてを利用するケースが一般的だったという。

とくに大量の労働力が必要とされた原発建設期、人夫出しは莫大な利益を挙げ、町にはいくつもの〝原発御殿〟が誕生した。しかし、その黄金期は短く、〝定検の時代〟を迎えると、技術的な専門性のない派遣業者は淘汰されてゆく。山本千代子によれば、一時は業者の夜逃げが相次いで、中には自殺にまで追い込まれた人もいたという。

建設期に資材の運搬で成功した町民もいた。もともとは、自身がハンドルを握る個人業者だったのだが、ゼネコンと契約を結んで飛躍的に業績を伸ばし、数年でトラック二十数台の運送会社を営むに至った。

トラックの車体に大書された「原子力運送」というロゴは注目を集め、メディアにも取り上げられたが、原発建設が終わるとやはり業績不振となり、結局は廃業に追い込まれてしまった。

長年の客商売で培った話術なのだろう。山本千代子は実に生き生きと〝ありし日の大熊〟を説明してくれたが、私が質問内容を〝被災者としての思い〟に切り替えると、途端にその口調から滑らかさが失われた。

「今回の事故のことは、やっぱりどうしようもない部分、天災の面が大きかったと私は思ってます……ただ、さすがに、こうやってすべてを失ってしまうとね……」

しばらく懸命にことばを探したあと、諦めたようにこう漏らした。

「だめですね。気持ちの整理は正直まだ、つかないです」

東部公園仮設には、原発の〝英語屋さん〟だった被災者もいた。鈴木宮貴という、アメリカ人技術者の世話係である。

自転車店の星野伴子に教えられて、その部屋を訪ねると、「私を通訳なんて呼ばないでください。そんな大層なもんじゃありません」と、真っ先に私の口にした肩書きを訂正した。

「私がやってたのは外国人住宅の管理です。それ以外にも、外国人の子供を病院に連れてったり、外国人登録の手続きや運転免許の書き換えを手伝ったり。彼らの日常生活のことはひと通り、何でもやりましたけどね」

鈴木はアメリカ・GE（ゼネラル・エレクトリック）の子会社「GETSCO」の契約社員として四十年余り前、大熊に住み着いた人だった。

第一原発では、六つある原子炉のうち、一、二、六号機にGE社の炉が使われていた。このため、一九七〇年代には、敷地内にアメリカ人技術者用の住宅群・通称「GE村」が設けられていた。アメリカ人の総数は多い時期、妻子も含めれば百人以上にも及んだ。その一人ひとり多様な要望に応えるのが鈴木の仕事だった。

出身は愛知県。青年時代、地元の進駐軍基地に出入りして、アメリカ兵との交遊を通じて日常英会話を体得した。GETSCO社との縁は、中部電力による火力発電所の建設現場で働いた際、その英語力を見出されたのがきっかけだったという。

一九六〇年前後、各地で老朽化した火力発電所の建て替えが盛んに行われ、GE社はその分野でも、日本の電力業界とかかわりが深かった。

鈴木は、東海村や敦賀で始まった原発建設の現場にもアメリカ人の世話係として送られるようになり、福島はその三ヵ所目の派遣先だった。

「最初は一号機ができるまでの一年契約だったんで、終わったら東北各地の祭りをぐるっと見物して回り、名古屋に帰るつもりでいたんです」

大熊に定住することなど、微塵も考えていなかった。この地に足を踏み入れた第一印象が、あまりにも悪すぎたからだ。

「なにしろ、常磐線の車両が東京以西では考えられないほど古かったし、勿来《なこそ》駅（福島県に入って最初の駅）を過ぎると、景色がもう……同じ日本国内で、こんなに違っていいのか、と思うくらい昔の農村みたいでね。本当にびっくりしました」

妻と当時四歳だったひとり娘を連れ、急行列車を降り立つと、娘はあまりに閑散とした風景を見て、脅えたように「お父さーん……」と声を上げたという。

「ですから、これはもう長く住めるところじゃないな、とすぐ思いましたよ」

GE村を任され、最初に持ち上がった問題は、町内で牛肉が手に入らないことだった。

一九七〇年代に入っても、日常、牛肉を食べるほどの余裕はまだ、大熊の人々にはなかった。鈴木は急遽、横浜から毎月トラックで牛肉を仕入れる手配をし、なんとか急場をしのいだという。

そんな悪条件をなんとか克服して、アメリカ人に少しでも快適な生活を送ってもらいたい。鈴木は持ち前のサービス精神を発揮して仕事に打ち込んだ。

中華料理を学びたい、という入居家族の要望を受け、プロの調理師を定期的に招いて料理教室を始めた。いわき市の映画館の予定を調べ上げ、その時々の上映作品を掲示する工夫もした。

その努力は入居者にも徐々に認められ、度重なる契約更新で、鈴木の大熊生活はなし崩し的に長期化していった。

「とにかく、仕事オンリーの日々でした」

一般町民との付き合いは皆無。娘の学校のことも、妻に任せきりだった。

「無口で朴訥《ぼくとつ》な人が多い。大熊の人へのイメージはそのくらいのものでした。年輩の人はとくに訛りがきつくてね。何を言ってるのか全然わからない。どうしようもなくて、娘に〝通訳〟してもらったこともありました」

地元の子と違った雰囲気で目立っていたせいか、幼稚園の卒園式や小学校の入学式といった節目では、娘が式辞を任されることが多かったという。

「ほかのお母さん方からきれいな標準語を褒められた、なんて話も女房から聞きました」

あくまでもそんな〝よそ者〟として大熊に住み続けた鈴木だが、当初、「とても住めるところじゃない」と思っていたネガティブな印象は、いつしか失われていった。

唖然とするような寒村だった大熊は、驚くべきスピードで福島県一の裕福な町へと変貌したのである。

それでも最後の原子炉が完成した時点では、当初の予定通り、鈴木は帰郷するつもりでいた。大熊への定住を決断させたのは、「せめて高校を卒業するまでは」と、転居の先延ばしを懇願する娘のひと言であった。

鈴木は思案したあげく、もうひとりいた契約社員とともに、大熊に新会社を設立した。福島ばかりでなく全国の原発に定検で訪れるGE技術者をサポートする会社である。

ただ、そのような形で一生付き合ってゆくことになった原発という施設に、鈴木が警戒心を抱かなかったわけではない。

原発内部には、必要に応じて鈴木自身も入る機会があり、あるときには、持参した携行品が高線量の放射線を浴び、警報が鳴りやまなくなってパニックに陥る経験をした。

アメリカ人技術者やその家族も、我が子に円形脱毛症が現れたり、薬の副作用で蕁麻疹が出たりしたときには、異様なほど取り乱し、そんな光景からも鈴木は、被曝の恐ろしさを学んだ。

「中で働く人はやっぱりすぐ、放射線の影響を考えちゃうんでしょうね。何かあればそれはもう敏感に、反応していました」

六十八歳で仕事を辞め、震災に至る十余年の間は、山登りや卓球を楽しむ穏やかな隠居生活を送っていた。地元での遊び友だちは、リタイアしたあとに急速に広がった。娘は大熊の幼なじみと結婚した。

「いつの間にか、東京方面から勿来《なこそ》駅を越すと『ああ、ふるさとに帰ってきた』と感じるようになりました。長い年月をかけ、そんなふうになじんできたわけですが、そうしたら今度はこんな目に遭うんですからね」

八十歳を過ぎて突然、強いられることになった不慣れな土地での仮設暮らし。会津若松に来て以来、鈴木は日に日に体調を悪化させてゆく妻の介護に明け暮れている。

いつの日か、GE村時代に親しく付き合ったアメリカ人たちを訪ねて歩きたい。そんな夢も実現は難しくなってしまった。その最終盤に来て、思いもかけぬ形で暗転してしまった自らの人生。仮設での暮らしになって以来、鈴木の脳裏には、夜ごと布団に入るたびに、さまざまな思いが駆け巡るという。

東部公園仮設には、大野駅前の商業関係者が多く、そのせいもあって県外出身者の割合が高いのだが、同じ会津若松市内にある扇町仮設には、大川原地区の被災者が固まって暮らしていて、こちらはほとんどが〝土着〟の住民であった。

震災の翌年以降、私は彼らにも昔話を聞くようになった。

「昭和三、四十年ごろから地元の人間関係は本当に変わりましたね。それまでは『結《ゆい》』と言いまして、農作業は部落みんなで助け合ってやったんです。そういう習慣は一切なくなった。みんな『カネ取り』に忙しくなりましたからね」

そんなふうに若き日を振り返るのは、石田清宗という古老である。石田は私に問われるまま、失われた地域の風習をひとつずつ数え上げていった。

田植えや稲刈りの共同作業のあと、決まって行われていた慰労の宴「早苗饗《さなぶり》」。

やはり年二回あった女性や子供たちの集まり「観音講」。

女性陣は地区で結婚式や葬式があれば、前日や前々日から総出で手料理の準備をしたものだが、最近の冠婚葬祭は簡素化され、結婚式場や斎場を利用する形が一般化しているという。

唯一、続いていた青年会（といっても、中心はもはや六十代だという）による盆踊りも、ここ数年は参加者の減少で開かれなくなっていた。

かつて、各集落の盆踊りは若い男女の出会いの場であった。

「昔は富岡や双葉町からも若い連中が集まったんですよ。我々もあちこちに出かけました。男同士、よその町との喧嘩もした。いわゆる『やきもち喧嘩』です。昔の人は、それこそ三里も五里も歩いて盆踊りに行ったそうですよ。夜明けごろ帰ってきて、そのまま草刈りをやった、なんて話も聞かされたもんです」

そんな農村特有の濃密な人間関係が失われていった最大の原因は、一定年齢以下の世代がみな、原発の関連企業などでサラリーマンとして働くようになったことだという。冠婚葬祭のたびごとに二日も三日も休みを取り、時間を割くことは事実上、不可能となった。農業の機械化が急速に進み、隣近所で助け合う必要がなくなった影響も少なくない。嫁いで来る女性たちの意識も一変した。若い夫たちはもう、野良仕事や濃厚な近所付き合いに妻たちを巻き込むようなまねはしないという。

こうした地縁関係の変化は、もちろん大熊に限った話ではない。農村の出身者であれば、それが国内のどこであれ、似たような話を聞いてきたことだろう。いや、もしかしたら大熊は、比較的遅くまで〝ムラ社会〟を保ってきた地域かもしれない。少なくとも地元に原発ができたおかげで、大熊の長男は大半が地元にいる。都会に旅立ってゆく若者を見送る以外にない過疎地と比べれば、はるかに恵まれた条件下にあり続けた。

それでも、大熊住民の〝結びつきの密度〟は過去半世紀、間違いなく急激に薄まりつつあった。濃厚な地縁関係の中で生きてきた世代と、そうでない世代。この違いが今回、被災者としての感覚にも溝を生み出している。

つまり、五年や十年では到底、帰り得ないふるさとに対し、年輩の人々はいまなお、切実な執着を捨て切れずにいるが、若い世代はある程度、割り切って対処しているように思えるのである。

両者の境界線は、五十代半ば、あるいは六十歳前後に引けるのかもしれない。

そう問うと、石田も全面的に同意してくれた。

「若い人は確かに執着してないね。私にも五十歳の息子がいるんだけど、『帰ってどうすんだ』って言いますもん。震災前にあった部落の新年会だったかな、私も八十になったから、代わりに息子に出てもらったの。そうしたらみんな、私は来ないのか、私は来ないのかって言っていたそうです。息子は普段、それくらい部落の人と付き合いがないんですよ」

石田自身、以前、大川原一区の区長をやるまでは、川向うの二区に暮らす若い嫁たちの顔は、ほとんどわからなかったという。

私には、石田の語る地区の昔話も興味深かった。

それによれば、大川原ではもともと　五、六軒の地主に農地が集中し貧富の差が大きかったうえ、近くに坂下ダムができるまでは農業用水も不足がちだった。戦前はそんな厳しい環境に見切りをつけ、旧満州や朝鮮半島に向かう人も多かったという。

周辺の地区にまで話を広げれば、南米ブラジルにも石田が知っているだけで五家族ほどが渡っている。

戦後は、東京五輪ごろまでが出稼ぎの全盛期だった。妻が病弱だったため、石田自身は出稼ぎをしていないが、集落の隣人たちはほとんどが行ったという。

「そんなわけだから、大熊で東電に反感をもってる人はあんまりいないと思うよ。原発で働けるようになって、東電さまさまだったもん。さすがに、こんなことになったら、恨む人もいるかもしれんけどね」

そう言って石田は、自身も数年間、東電で働いたことがあることを明かした。

「東電も自信過剰だったかもしれんけど、オレは、悪いのは東電じゃなく、地震や津波だと思うんだよ。『お前は自分が東電にいたから、そう思うだけだ』なんて言われちゃうけどね。それでも、若いころのことを思えば、まさか自分が車を買って運転するような暮らしができるなんて、夢にも思わなかった。それどころか、一軒の家に三台も四台も車があるんだからね」

しかし、出稼ぎから解放され、豊かな生活を手にした大熊町民の幸せも、結局、今回の原発事故によって幻のように消え去ってしまった……。

意地の悪い私のひと言に、石田はため息をつき、肩を落とした。

「まさにそうだよな。全部パーになっちゃった。世の中には結局、そんなにうまい話はないのかもしれない。結果論で言えばね」

そして、ポツリとこう漏らした。

「おそらく大熊とか双葉とかは、なくなっちゃうんだろうな。だったらもう、除染なんて無駄なことはやめて、その分、よその土地で頑張ってくれってみんなにカネを配ったらいいんだよ」

ほんの一時間ほど前には、「息子になんと言われても自分は大熊に帰りたい」と言っていた石田が、舌の根も乾かないうちに一八〇度反対の台詞を口にしていた。

物心ついて以来、濃密な隣人付き合いの中で育んできた郷土への執着と、動かしようのない現実への諦め……。

石田はまた、農業はあまり好きではなかった、先祖伝来の土地を耕し続けたのは、義務感からだった、とも語った。自分だけでなく、多くの住民がきっとそうだっただろう、と。

結局のところ、濃厚な地域のつながりは、古臭く、気の重い〝地縁血縁のしがらみ〟にすぎなかったのか。いや、だとしても、義務を果たす、という行為は、そのことへの価値を受け入れていなければ到底、貫けるものではあるまい。

ときに放り出したくもなる気持ちを犠牲にして守り抜いてきた土地。外からの力で、そこから引き剥がされてしまう喪失感・虚無感は、たまたま所有した財産を失ってしまうような悲しみとは、きっと別次元のものに違いない。さまざまに〝ぶれ続ける〟石田のことばを聞きながら、私はそう感じた。

3

一九七九年、大熊を含め、第一原発とその周辺地区を深く掘り下げる本格的な報道がふたつ、行われた。

ひとつは朝日新聞いわき支局による長期連載記事『原発の現場』。もうひとつは、共産党機関紙・赤旗日曜版に連載された『原発のある風景』である。前者はその翌年、後者は四年後に単行本化され、とくに『原発のある風景』は震災後、『明日なき原発』というタイトルで約三十年ぶりに増補新版が復刻されている。

この一九七九年という年には、米国スリーマイル島の原発事故があり、二紙の連載はこの事故をきっかけに企画されたものだった。

朝日の連載は約二百回にも及ぶ長大なもので、原発の内部から周辺地区の人々の暮らしに至るまで、分厚い取材が行われている。一方、赤旗の連載は、のちにフリーに転じる柴野徹夫という記者によるもので、情報の総量としては朝日に及ばないものの、六号機の運転が始まり、福島第一原発が完成したこの年、早くも労働者や地元住民の暮らしに微妙な影を落とす〝ぼんやりとした暗雲〟の存在を明確に描き出している。

赤旗連載を読んで印象に残る特徴を端的に言えば、原発に働く人々から滲み出る「荒《すさ》んだ雰囲気」と、地元に張り巡らされた東電の情報網の「不気味さ」であった。

朝日の連載にも、断片的にだがネガティブな側面は描かれている。たとえば、地元の高校では当初、東電は必ずしも人気のある就職先ではなかったという。

《不人気の理由はこうだ。第一原発には約五千人の下請け作業員が働く。中には流れ者もいて「ガラが悪く、危ない」と地元では言われていた。同高（浪江高校）の卒業生のほとんどが地元の大企業より、東京などへの就職を選んだ。だが最近の不況で県内Uターン現象が現れ、状況が変わった》

しかし、『原発のある風景』の記述は、それ以上に衝撃的だった。三日間、下宿屋で同宿して粘る記者・柴野に向かって、「恐か放射能に脅えて、こげな仕事、まっこと、だれでん、やりたくはなかとよ」と漏らした九州の労働者。自らも「人夫出し」をしながら現場で働く関西出身の〝親方〟はこんな台詞を吐く。

《親方二年もやれば家が建つがな。わしら末端の人出しでも、そんなもんや。（略）ここまでいうたら、わかるやろが。上の方のピンはねが、どのくらいエゲツないもんか……》

《あんたな、いっぺん全面マスクして炉心に降りてみい。あれは、人間のいくとこやない。どだい、人間が入る構造にできとらへんがな。はっきりいうて、この世の地獄や。けどな、それを百も承知で人夫は群がってくるのや。なんでや思う？（略）カネと欲――。これやがな》

著者・柴野は取材中、「職警連」という原発協力企業が作っている組織の内部資料まで入手している。そこには、原発労働者が起こした犯罪や事故、揉めごとなど、新聞にも載らない細々とした事案が詳細にまとめられていた。この組織は治安や不祥事に関するこうした情報交換ばかりでなく、地元の各種選挙が行われる際には、集票マシンとしても機能するのだという。

柴野はまた、震災後に作家・佐野眞一に質問され、「原発の取材は軍事基地の取材と似ていて、いつも監視されていました。僕が車を借りて動き出すと、必ず二台尾行がついてきた」と当時の状況を回顧している。

私はひとりの役場職員にこの本を読んでもらい、感想を聞いてみた。

「私ら外の人間にはよくわかりませんが、裏をとって取材をした以上、こういった事実もあったんでしょう。（ネガティブな面が）誇張して書かれている気もしますが、東電にしてみれば、この程度の情報活動はおそらく、当然のようにやっていたのではないですか」

私は、もしかしたら当時、柴野の取材を手伝ったのではないかと当たりをつけ、共産党町議の石田洋一も訪ねてみた。だが、意外にも石田は、党の機関紙に載ったこの連載そのものを記憶していなかった。

「正直なところ、こうやって見ると、初めて知るようなことがたくさん出ています。ホントにこんなだったのかなぁ、と半信半疑ですね。私が何も知らなすぎたせいかもしれませんけどね」

当時の石田は東京で働いていた製パン会社を辞め、帰郷して二年目。採石場で働く三十八歳の党員であった。共産党には東京での組合活動を通じて入党したのだが、ふるさとには四人しか党員がいなかったという。

リーダー格だった人物は戦後、シベリア抑留から引き揚げてきた農家の男性で、旧村合併後の最初の選挙で勝ち、町議を一期務めていた。柴野が来た一九七九年には、この人物のあとを継ぎ、その弟が初当選を果たしていた。

「おそらく、この記者はこの弟さんのところに行ったんだと思います。余計なことは言わない人なので、私らは何も聞かされていませんがね」

石田自身はさらにその後継者として、連続五期当選を果たしている。震災後の選挙では、年齢による体力の衰えもあり引退も考えたが、後継者が見つからないことから六選に挑み、最下位で議席を守ることができた。

「私が大熊に帰ってきたころには、党は反原発の立場を決めてましたけど、地元では原発問題を積極的に取り上げたことはほとんどありません。組織が小さくて、情報をとる力もありませんでしたしね」

柴野の連載によれば、職警連は共産党や社会党の選挙の妨害工作もしたようだが、石田はただ「私は鈍感なんですかね」と、苦笑を浮かべるだけだった。少なくとも柴野の連載と石田の話には相当な温度差があった。

——事故を経て、いまから振り返ると、原発を受け入れたことは町として間違った選択だったと考えていますか？　貧しくても穏やかな大熊であるべきだったのだと。

改めてそう問うと、石田の表情が困惑したように曇った。

「そう言われても、比較のしようがありませんからね……。仮定の話は難しいです」

目の前にいる温和な男性は〝反原発派の存在しない町〟のごく普通の住民にほかならない。本人には申し訳ないが、私にはそう思えた。

私は、原発の技術的な諸問題について議論する知識は持ち合わせていないが、原発立地地域における、いわゆる「地域対策」には懐疑的なイメージを抱き続けてきた。推進論者がもし、本当に原発を安全なエネルギーだと信じるのなら、なぜ過去数十年、怪しげなカネをばら撒いて情報を操作しようとしてきたのか。そう思うからである。

幾重にも下請け構造を重ね合わせ、〝ピンハネ〟が横行する雇用体系を頑なに続けていることも〝まっとうな仕事〟としてのあり方を疑わせる。

実際、多くの被災者と会い続ける過程で、原発で働く関係者から「地域対策の実情」について、噂を裏付ける断片情報を耳にすることもあった。

たとえば、トラブルが発覚した際などに行われる住民へのアンケートで、あくまでも「一般住民」を装って、実際には指示されたとおり、東電を擁護する「意見」を〝さくら〟として書かされたり、選挙の際、やはり〝上からの指示〟に従って投票させられたり、たまにマスコミの取材が入ると「余計なことは絶対に話すな」という緘口《かんこう》令が徹底されたりと、そんな類の話である。

大熊の議会には、加藤良一という東電社員を兼務する町議がいる。東電労組の委員長を務め、現在は東電広報部社員という肩書きをもつ。初当選は二〇〇七年で、やはり東電の〝組織内議員〟だった人物の議席を継承した。

出身はいわき市で、大熊町内に地縁・血縁はほとんどない。にもかかわらず、震災後の選挙でも、得票数三位という好成績で再選を果たした。

震災の翌年、私は十一月二十五日付の朝日新聞に、地方議員を兼務する電力会社の社員が全国で九十九人に及ぶ、という記事を見つけた。

《地元議会で「脱原発」の意見書に反対したり、地域で原子力の勉強会を開いたりするなど、

原発を推進する会社の方針に沿った活動をしている》

記事はそんな批判的なトーンでまとめられていた。

私自身、大熊被災者を訪ね続ける中、加藤への〝懐疑的なことば〟を何回か耳にした。

「議会や町役場の動向を東電側に伝えるスパイのように見えてしまう」

「『あの施設も東電の寄付で建てられたものだ』というような〝発電所の恩恵〟について、震災以後、やたらと強調するようになった」

これらは、記事が出た当時、同僚の町議らが私との雑談で漏らした加藤評である。反対に、東電労組のパイプ、代議士人脈を利用して、国レベルの情報収集や仲介役を果たしてくれている、と肯定的な声も聞かれ、その評価は二分されていた。

私はこの加藤に、柴野の本に書かれているような「地域対策」は現実に存在していたのか、直接尋ねてみることにした。

よくわからない――。

しかし、加藤の答えはそれだけであった。

「東電は大きな組織ですからね。そういう活動が絶対にないとは言えません。でも、我々一般社員レベルでは知り得ないことですよ」

本当にそうなのか。前述した、住民アンケートなどにおける〝情報操作〟は、下請けの業者ですら知っていた話である。選挙の裏事情などについては、彼以上に詳しい人はいないのではないか。

加害者であると同時に、住民として被害も受けている――。

その微妙なポジションについて質《ただ》そうとすると、「加害者じゃなく『原因者』だけどね」と、加藤は遮るようにして、私の表現を訂正した。

その説明によれば、東電労組から町議が出ているのは、あくまで地域貢献の一環であり、兼職という形態については「PTA役員や自治会の区長などと似たような位置づけ」だからなのだという。

組合による海岸の清掃活動などと同様に、地元への〝善意の活動〟であることを加藤は繰り返し強調した。

「さすがに震災後は、町民の方々から怒られることもありますよ。原因者としては、償わなくちゃいけない。逃げていても仕方ありません。一期目の任期中にこんなことが起きたこと自体、私は運命だと受け止めてます」

加藤が解説する「地域対策」ならぬ「地域活動」は、原発に対する〝正しい知識〟を得てもらい、地元での人間関係を深め、信頼を築いてゆく、あくまでもそういった「常識的な範囲内のこと」でしかなかった。

一方で、加藤とのやり取りでは、〝感覚の違い〟も痛感させられた。

東電労組中央執行委員長・新井行夫の発言をめぐっての話である。

報道によれば二〇一二年の春、愛知県で開かれた中部電力労組の大会で、来賓の新井は「(我々を)裏切った民主党議員には、報いをこうむってもらう」と挨拶したという。ここで言う「裏切り」とは、国政選挙の際、電力総連の支援も受けて誕生した民主党政権が、震災で立場を変え、脱原発を論じ始めたことを指す。

十数万人もの〝流浪の民〟を生む未曽有の事故が起きた以上、脱原発の論議そのものは当然の反応だし、原発の大規模事故が、いったん起きてしまったら最後、これほどまで手に負えない状況になってしまう、という驚き・戦慄は、国民全体が感じたことだった。

それがなぜ〝原因者〟の立場にありながら、ここまで開き直った発言ができるのか。私はあくまで暴言・失言と受け止めて話題にしたのだが、驚くべきことに加藤もまた新井と同意見だった。

「私はもう、よくぞ言ってくれた、と思いましたよ」

選挙応援にあたって、候補者は労組とエネルギー政策の協定を結ぶ。にもかかわらず民主党は……そんな憤りを加藤も隠そうとはしなかった。

「性格的に私は、義理人情を重視する人間なものですから、その面で言ってもね。平気で約束を破る政治家は信じられません」

とは言え、そもそもの大前提であった「原発の安全」という根本の信頼が崩れ去ってしまえば、協定も何もないのではないか……。何よりも、取り返しのつかないリスクを内包する技術であることをあれほど見せつけられてなお、かくも揺るぎない立場を堅持する彼らの姿勢にこそ、私は戸惑いを禁じ得なかった。


志賀秀朗が「大きな騒ぎだった」と振り返る一九八九年の第二原発事故とその再稼働をめぐる住民投票運動。その舞台は隣町の富岡とさらにその先の楢葉町であったが、大熊町民にもこの運動にかかわった当事者はいた。

大賀あや子という女性である。

厳密に言えば、東京からの転入者だが、大熊に根を下ろしてすでに十七年。話を聞いた震災二年目の冬には、郵便局職員の夫と会津若松で避難生活を送りつつ、原発事故における東電の刑事責任を問う「福島原発告訴団」の事務局長を務めていた。

八九年当時、大賀はまだ高校生だった。チェルノブイリ事故をきっかけに原発問題に目覚め、そのころ首都圏にいくつも生まれていた反原発の市民グループに加わるようになった。第二原発事故をめぐる富岡・楢葉の運動が湧き起こると、毎週末のように現地に通っては、年上のメンバーとともに住民の戸別訪問を繰り広げたという。

「個別訪問と言っても、こちらの考えを押しつけるわけじゃありません。電力消費地の人間として、事故に対する皆さんの思いを聞かせてください、という形で回ったので、けっこう心を開いてくれる人が多かったですよ」

高校を卒業して、しばらくは都内にある無農薬野菜の販売店で働いたが、やがて田舎暮らしをして自ら農業に携わりたいと考えるようになり、九〇年代半ばに大熊移住に踏み切った。

「浜通りには、住民投票運動で来たときから憧れていたんです。自然豊かで山もあれば海もある。運動の息抜きで海水浴もしましたし、『原発さえなければ東京よりいいね』『いや、原発があってもこっちのほうがいいよ』なんて言い合っていたんです。でもまあ、そのあと少し研修を受けただけで、ひとりで農業をやるなんて、いま思えば若気の至りでしたけどね」

貸してもらえる農地を見つけては、作業着姿で自転車に乗り、野良仕事へと通った。

最初に寝泊まりした部屋が、市民グループの代表が借りていたアパートだったため、反原発運動とのつながりはすぐ周囲に知られてしまったが、それ以上に、不慣れな農業にひとり悪戦苦闘する都会っ子の姿は人目を引き、地元の農家からさまざまに声をかけられるようになった。

大賀にしてみれば、そのほとんどが自分の親や祖父母のような年代の人だった。若い農業後継者がほとんどいなくなっていた大熊で、大賀は飛び抜けて若い新規参入者だったのである。

「脱原発のことにはどこにいても一生、かかわる気でいたけど、そのことは焦っても仕方がない。何よりも当時は農業で必死でしたから、町の人たちとほとんど原発の話はしませんでした。陰で私のこと、いろいろ言う人はいたみたいですけど、それ以上に『若いのに頑張るね』って多くの人に励まされました」

ただ、素人同然の娘が農業一本で生計を立てるのは決して容易なことではなく、現実には新聞販売店などでのアルバイトで細々と〝食いつなぐ〟時期が長く続いた。やがて現在の夫と結婚、地元の直売所で作物を売るようにもなり、そうした努力が少しずつ形になり始めた矢先に、あの震災に遭遇してしまった。

「放射線量の高さから見て、大熊に戻れないことはもう、厳然たる事実です。でも、原発や放射能のことをさんざん学んできたつもりの自分が、そのことを受け入れられるまで何十日もかかっちゃいました」

にもかかわらず、いったん東京の実家に引き揚げたあと、どうしてまた、大熊の人々と合流しようと思ったのか。

「私も夫も、都会暮らしがすぐ、つらくなっちゃったんです。大熊の人たちも懐かしくなって。一時は大熊の農家がまとまってどこかに移住する可能性もありそうだったので、そうなったら一緒に行動するつもりでした。もう一回、知らない人たちの中で、大熊でやったような苦労を一からやるなんて嫌ですから。でも結局、その可能性はもうなさそうなので、仕方ないですよね。いろいろなことが一段落したら、何年かのうちに新潟で農業を始めることにしました」

震災を経て再会した住民の中には、大賀への接し方が微妙に変化した人もいたという。

「町役場に行くと、『あんたたちが警告してたようなことになっちゃったな』なんて声をかけてくるんです。後悔している、とまでは言いませんが、きっといろんな思いがあるんでしょう。それを伝えようとしてのことだと思います」

十数年にわたって大熊の大地と格闘し、地元の若者たち以上に彼らの父母・祖父母世代と心を通わせてきた大賀あや子。反原発運動で来訪するヨソモノを「外人部隊」と呼び、拒否感をあらわにする人も少なくない中で、彼女の口をつく大熊への思いは、ただひたすらに人々と風土への愛着であった。

第六章　失われた命のメッセージ

1

「ともみ通信」のことを教えてくれたのは、あの柳田淳だった。被災直後、町幹部にかけあって復興構想の検討チームをつくらせた町役場中堅職員のひとりである。

その彼が「ともみ」の名に触れたのは二〇一二年の年明け、福島第一原発の一号機と同じ一九七一年に生まれた世代として、同級生たちとの交流を語ったときのことだ。

「こんなものがあるんです」

そう言って携帯画面で見せてくれたのが、横浜に住む長崎ともみ（旧姓中野）から長期間、受け取り続けてきたメール通信文だった。
「ともみ通信44号」と題された事故直後の二〇一一年四月のメールには、『福島第1原発10キロ圏内で本格捜索　浪江町に３００人』というニュースに、短いコメントが添えられていた。
《別の記事を見ると、警察官、地元消防隊員らも、とある。もし、長沼謙ちゃんも任務だったら、頑張って〜！!!》
さらにふたつの記事、『東電社長「放射線封じ込めに時間」』と『新たな措置「現時点で不要」＝ＷＨＯ、放射線の影響注視』を挟んで、さらにまたコメント。
《大槻教授が、現時点でもっとも正確で正しい見解はＷＨＯの情報との事。大槻教授、放射線分科の専門家⁉超常現象、オカルト批判のおじさんかと思った⁉》
大槻教授とは早大名誉教授の大槻義彦、「放射線分科」は日本物理学会の放射線分科のことを指している。
柳田の携帯に残るメールには、報道へのコメントばかりでなく、ともみが自分のことばだけで綴った文章もあった。たとえば、群馬に避難する双葉町の友人家族を訪ねた報告文「ともみ通信64号」がそうだ。


《昨日はたくさんの話を聞いた。

避難中の気持ち。配給された1つのおにぎりを夫婦2人で半分ずつ食べた事。

原発の仕事に就くために40年前佐賀から双葉にやって来た事。原発への思い。買ったばかりの新車、エアコン。あと3回で終わるはずだった家のローン》

《避難の大変さが身に染みた。みんな大変なのに元気に前向きなのが誇りだよ！
ありがとう
流す涙が嬉し涙に早くなりますように
がんばっぺな～
不滅！福島！みんなの故郷 がんばっぺな大熊町！》

ともみからのメール受信者は柳田ひとりではなかった。その数は、大熊中学の同級生を中心に約百人にも及んでいた。復興構想にかかわる役場職員では、やはり同級生だった保健センターの澤田裕美子も「ともみ通信」を毎日のように受け取っていた。

この女性に会って、ぜひ話を聞いてみたい――。

二〇一二年の年明け、私は彼女に連絡をとってくれるよう、柳田と澤田に求めた。

「聞いてみます。明るい性格だから、嫌がらないと思いますよ」

しかし、その願いは結局、叶うことはなかった。


横浜から相模鉄道の急行でひと駅。二俣川駅に近い住宅街の一角に、三階建てのその家はあった。一階は事務所になっていた。自動車整備用工具の輸入販売業。室内には、パッケージに入ったさまざまな工具が山積みされ、壁には星条旗が飾られていた。

この家を自宅兼職場とする長崎智にとって、文字通り公私両面でのパートナーだった妻ともみは、祭壇に飾られたもの言わぬ遺影になってしまっていた。

「本当に突然のことでした。だって一月には友だちに会うためにフランス旅行に行ってたんですよ。帰ってきて『やたらと肩が凝る』ということで医者に診てもらったら、即入院。十二日後の二月四日に亡くなってしまった。もう体中に癌が転移してしまっていて、どこの癌が悪かったのかもわかりません」

恋人時代も含めれば二十年以上、傍らにいた妻が何の前触れもなく他界してしまうという悪夢のような出来事に、長崎はまだ、現実味を感じられずにいるように見えた。

ともみは、横浜の英語専門学校を出て就職した会社で、この長崎と出会った。そして、長崎が独立して自分の会社を立ち上げると、行動をともにして、経理などを一手に引き受けるようになった。

「子供ができなかった分、この会社が僕らの子供みたいなものでした」

「三・一一」のあと、彼女が故郷へのメール通信を始めたことはもちろん、長崎もわかっていた。

「手が空いていればいつも、そのへんでメールを打ってました。機械は苦手なほうだったから『パソコンを使えば』って言っても、いつも携帯から送っていましたね」

長崎は、私のために遺品の携帯をチェックしてくれていたが、送信したメールはほとんど保存されていなかったという。

「もともと、ふるさとが大好きで、彼女はしょっちゅう帰省してました。僕も大熊には何回も行ってます。でも帰っても、田舎の友だちと集まるわけではない。ともみはファザコンなんですよ。だいたいは家族と一緒にいる。だから、〝ふるさと思い〟には違いないですけど、『ともみ通信』のような、ああいうことをやるタイプじゃありませんでした」

しかし震災以後、彼女は目に見えて変わった。

同級生らの話では、『ともみ通信』はひとつの文面を一斉送信するのでなく、相手によって一通ずつ、内容を書き換えていたという。

「いろいろと思うことはあっても、原発で働く友だちもいるし、人によって立場は違うでしょう。だから、ずいぶん気を遣ってたみたいです」

自然と「ともみ通信」の作成は、膨大な負担を強いる作業になっていった。

メール通信だけではない。ともみは、被災者として避難してきた友だちや首都圏の大熊出身者が集まる飲み会も、毎月のように企画するようになった。まさに、故郷へのサポートに全身全霊を傾けた十ヵ月間であった。

「去年の秋、それで喧嘩したこともあったんです。だって、震災のあとはもう毎日、ニュースを見ては泣いてましたから。本当に毎日です。だから、そんな状態だと体の具合も悪くなっちゃうだろうって。実際、彼女はこの一年で何キロも痩せましたからね。本人は『震災ダイエットだ』って笑っていましたけど」

神奈川県で生まれ育った長崎には、ともみがなぜ、そこまで郷土を思うのか、その心の奥底は理解できなかったという。同じ神奈川県民である私も、感覚は長崎に近い。

大都市圏に住む多くの人が何世代も前に失った、根の生えたふるさとへの思い――。

考えてみれば、私はそれを知りたくて、福島に通い続けているのだった。

年が明け、「ともみ通信」は300号に達した。その途中、柳田淳に宛てた100号目の通信にはこう書かれている。

《ん〜〜〜、みんな100号で終わりだと思ったでしょ!!思ったね⁉
続行？引き際が肝心？悩む😭
いいや、淳に聞こうと思って淳と話したら…『続行〜〜！！😁』》

《こんばんは、ご無沙汰してごめんね。淳、新谷が避難所にいる時に情報が入って来ないと同じことを言っていたので、簡単にニュースをまとめて✉したのが始まりの、ともみ通信（略）。知りたいだろうと思われるニュースをピックアップしてるんだけど、偏ってたり、知ってるニュースだったらごめんね。
みんなと時間を共有出来ればと思ってる》

前年の秋には、白河市に避難する両親の一時帰宅にも横浜から参加した。

《ともみ通信277号
行ってきました（略）

家の光景は…想像を絶してた。出た言葉は『うわ～～😭』でした
雑草を車でなぎ倒し家へ》

《探し物をしているとふと思い出の物が出てくる。涙をこらえながら、時にこらえきれず泣いて…。


荷物を運び出しながら、猫の名前を呼んで…もうね、パニック超えた！

私の持参した放射線測定器は鳴りっ放し…》

そんな伴侶の心揺れる一年を見つめていた長崎はしかし、妻ともみ自身は短い生涯に満ち足りた思いで旅立っていったのではないか、と感じている。

「変な話ですけど、震災のあと、ともみは自分が死を迎えることを、無意識のうちに感じていた気がするんです。それまでは全然、そういうことはなかったのに、去年から急に『死』について話すようになりました。『もし明日、死んでしまうとしたら……』とか。で、やりたいことはやれた人生だったね、と」

学生時代に夢見た海外留学は果たせなかったものの、輸入業の仕事でアメリカやヨーロッパに行く機会には恵まれた。夫婦でラスベガスに行き、派手に遊んだ思い出もある。二十代のころは

ブランド物にはまり、ショッピングに夢中になった時期もあった。

海外志向、ブランド趣味……。そう言えば、ともみが大熊から横浜に出てきたのは、バブル経済の絶頂期だった。外へ、外へと誰もが羽ばたこうとしたあの時代。当時のともみには、その最期の日々に見せたようなふるさとへの執着はまだなかった。

「そんなともみが、昔買ったバッグをネットのオークションで売ろうかな、なんて言い出すんです。『あたしが死んだら、ゴミになるだけだから』って。身辺整理みたいでしょ？　去年、まだピンピンしていた時期の話です。震災があってからは、昔の友だちにどんどん会い、ふるさとのためにやれるだけやった。フランスにいる親友にも会いに行くことができた。そう考えると、彼女は死ぬ前に、みんなやり尽くせた気がするんですよ」


ともみの夫・長崎智に聞いた話を伝えると、渡邉寿美と尾下幸枝は「私たち、ともみのことを、実は何も知らなかったんだなって、彼女が亡くなったあと話していたんです」と打ち明けた。

中学・高校の六年間、ともみと一緒だった同級生たちである。ふたりと会ったのはやはり震災の翌年、東京・新宿の喫茶店でのことだ。渡邉は埼玉県新座市で避難生活を送っていた。尾下はともみと同様に首都圏に出て就職、横浜に家庭をもっている。

彼女らは、前後の学年に比べてもまとまりがよく、大規模な同窓会以外にも毎年、お盆や正月に県外からの帰省者と地元組とで飲み会を開いてきた。渡邉は「若葉会」というそのグループのまとめ役だった。

だが、震災が起きるまで、彼女らの集まりに、ともみが顔を出すことはなかった。

「だから、避難所の体育館で携帯が鳴り、『私が安否確認をするから』と言ってくれたときには、正直、意外に思いました。ともみはそういうことをするイメージではなかったから。大熊では、厄年の前にみんなで集まって厄払いをする習慣があるんです。男の厄年のときは女子が幹事役になり、女の厄年はその反対。で、去年は震災の少し前に集まったばかりだったんです。このときにはともみも参加して、久しぶりにみんなとメールアドレスを交換していました。それで、一人ひとり連絡をとることができたんです」

決して内向的なわけではなく、昔から性格は明るかったが、みんなを取り仕切るタイプではなかった。むしろ周囲を気遣って、前に出ることを遠慮するほうだった。中学時代に所属したバドミントン部の活動でも、さほど目立ってはいなかった。

ふたりの印象に残るのは、学生時代より都会に出てからの変化だったという。

「ブランド物を身につけて、ずいぶん派手な感じになった、という印象でした」

尾下はそう振り返る。

しかし、二十年近くを経て、再び頻繁に会うようになったともみは違っていた。

「仲間と会うときには、以前とは逆に、派手にならないよう服装に気を遣っていました。『昔のともみに戻ったね』って私たちも言っていたんです」

被災者として公務員宿舎の空き部屋を借りていた渡邉は、当初、夫が関西に単身赴任したこともあって、精神的に追い詰められる状況が続いていた。一度、他人の駐車スペースに車を停めてしまったことがあり、それが恨みを買ったのか、あるいは「いわきナンバー」の車だったせいなのか、高層階から車めがけて氷の塊を落とされたうえ、タイヤに釘を刺される嫌がらせも体験した。

買い物に行ったスーパーでは、線量計を手にした見知らぬ男性に呼び出され、車のワイパー付近の数値が高いから洗車をしろ、と叱責されたこともあった。

そうした出来事にたまりかね、打ち明けると、ともみは電話口で泣きながら渡邉の苦悩を受け止めてくれたという。

しかし、同じ大熊出身者や被災者であっても、故郷への思いには一人ひとり温度差があった。仲間同士で集まり、励まし合う会を開いても〝レジャー感覚のノリ〟だけで参加する者もいて、ともみは思い悩んでいたという。

「でも、まさかこんな形でともみが亡くなってしまうなんて……」

ともみが自らの病を知る直前に書いた「ともみ通信300号」を読み返すと、たまらない気持ちになる、と二人は口を揃える。そこには、こう綴られていた。

《ともみ通信の最終号は？
①ニュースの終わりか…
②携帯が壊れるか…
③私が壊れるか…
さあ、ど〜〜〜れか？（略）
41才になった途端にいろいろ来た　今も肩と腕が痛くてアイタタタ言ってます。健康が一番だね（略）
不滅！福島！みんなの故郷!! がんばっぺな大熊町！》

都会での暮らしや海外に憧れてふるさとを出た女性が、その天命が尽きる直前、惨劇に見舞われた故郷のため、その余力のすべてを出し切った。

柳田によれば、二〇〇八年に導入された「ふるさと納税」で、大熊町への外部納税者第一号になったのも、実はともみだったという。このころから、ふるさとを思う彼女の心情には、変化が現れていたのである。子育てに忙殺されなかった分、人生やふるさとの価値を見つめ直す時間があったのかもしれない。

残された自分に、果たして何ができるのか……。亡き友を語る渡邉と尾下の表情には、それぞれにそんな葛藤が浮かんでいた。午後四時に入った喫茶店を出るまでに、時計の長針は盤面を五周していた。

2

「駅がこれですか？　そうすると、駅前通りがこうあって、百メートルくらいで大きな道路とぶつかります。信号があって東邦銀行があって。で、その交差点からこっちが下町《しもまち》商店街になるんです……」

白紙のページに線路と駅だけを書き殴り、私がノートを差し出すと、天野美紀子はその駅を起点に指先で十字を描くようにして、主要路の位置関係を説明した。

私がそれをペンでなぞり、少しずつ描き出されてゆく常磐線・浪江駅前の地図。やがて美紀子は「下町商店街」の一角を指し示した。

「ウチのスーパーはここです」

震災まで住民の〝台所〟だった古いスーパーマーケットは一九七九年、美紀子が大熊から嫁いで来て以来、夫とともに働き続けてきた店だった。

創業者の舅《しゅうと》のもと、三人の子供たちが支えていた家族経営の店。美紀子の結婚した次男は鮮魚売り場の責任者だった。最近は〝次の次の後継者〟となるべく、長男の息子もスタッフに加わっていた。

「倉庫はこのあたりになります」

その場所は店から少し離れ、線路を越えた反対側にあった。付近は、細い道が入り組んでいて、ちょっとわかりにくくなっているらしい。

二〇一二年五月二十七日。三人兄妹を率いてきた創業者の長兄、つまり美紀子から見た義理の兄は、福島市から浪江町への一時帰宅中に行方不明となり、その翌日、この倉庫で首を吊った姿で見つかった。

美紀子の夫とはふたつ違いの六十二歳。肩書きのうえでは八十八歳の舅がまだスーパーの社長のままだったが、震災前、実際にはこの義兄が店を取り仕切っていた。三世代をまとめるそんな大黒柱が一年余の避難生活を経て、自らその命を絶ってしまったのだった。

私が人づてに美紀子と連絡をとり、郡山市郊外にある借り上げアパートを訪ねたのは、事件の記憶も生々しい、その年の夏のことだった。

いずれもスーパー周辺に暮らしていた三世代は、被災後の約ひと月間、福島市の避難所まで十数人まとまって行動していたが、その後、舅と長男夫婦は福島市、美紀子夫婦と妹一家は郡山市の借り上げ住宅に落ち着き、それぞれの地で避難生活を送るようになった。

「あと何年待てば浪江に帰れるとか、先のことが少しでもわかるなら、頑張る気にもなれるけど、国は何も言わないし、線量が下がるのかどうかもわからない。『もう、帰れねえかもしんねえなあ』って、義兄《あに》もそんな弱音を口にしていました。でも、そのくらいのことは、誰もが言ってたし、まさか、あんなことになるなんてね……」

一時帰宅する二、三日前から食欲がなく、少し元気がなかったこと。不眠を訴えて睡眠薬の処方を一度、受けていること。その程度のことしか、命を絶つ〝予兆〟は思い当たらないという。遺書も残されてはいなかった。

その日、一時帰宅した兄夫婦は、スーパー二階にある居宅の別々の部屋で、しばらくは片付けや探しものをしていたという。妻はやがて、夫の気配が消えたことに気づき、最後には警察を呼んで周囲を捜索した。だが結局、遺体が発見されたのは、地元浪江の消防団員が大挙して捜索に加わった翌日のことだった。

「最初の晩は、どっかに隠れて泊まってるんじゃないか、なんてことを、兄嫁と話していたんです。本人が以前、そんなことを言ってましたから」

一時帰宅の退去刻限は午後四時で、それ以降、避難区域は無人になる。そんな状況を利用して、義兄は暗くなるまでどこかに身を潜め、こっそり住み着いてしまおうか、などと冗談を口にしたことがあったのだという。

「地震のあと、浪江から避難するときには、まさにそんな感じだったんです。店が心配だからって義兄がひとり、引き返してしまって。甥っ子が慌てて追いかけて『頼むから一緒に逃げてくれ』って口説き落とすまで、動こうとしなかったんですよ」

義兄はとにかく真面目な性格で、仕事一本やりの人だったと美紀子は振り返る。

スーパーは日曜を定休日としていたが、一家はそのほかに葬儀屋も営んでいて、自宅での葬儀が一般的だったひと昔前までは、不幸があれば休みはすぐ吹き飛んで、一家総出で葬儀用の仕出し料理を作っていた。

学校給食や旅館、原発作業員向けの下宿屋など、日々の食材を配達する得意先も多く、義兄は毎朝、暗いうちに市場に仕入れに行き、朝七時にはスーパーを開店、夜八時まで働きづめだった。元日も棚卸しで出勤し、二日から初売り。風邪で二日ほど寝込むことはあっても、いわゆる〝連休〟の形で羽根を伸ばす姿は、見た記憶がないという。

町外に住んだのは、高校時代の三年間だけ。旅行に出かけることもなかった。酒を飲み歩くこともせず、趣味と言えば、たまの休みにするパチンコくらいのものだった。

「でも義兄は、そんな仕事漬けの生活が好きだったんですよ。そうでなきゃ、あんな暮らしはできません。だから、することが何もなくなった震災後の暮らしは、あまりにも落差が大きすぎました」

ストイックな義兄の生き方は、苦労を重ねながら店を大きくした厳格な舅の影響もあったに違いない。美紀子はそう推測する。

舅の時代には、町に市場はなく、一軒ずつ農家を回って買いつけた野菜を持ち帰り、井戸水で洗っては店に並べていた。美紀子の夫や義兄は、子供時代からその手伝いを嫌々させられたものだ、とよく語っていたという。

八十代後半になっても、舅は毎朝店に顔を出し、商品の陳列や店内の清潔さなどを自分の目で確認した。さらには自ら車を運転して食材の配達にも出かけていた。

「さすがに体はもう弱っていますけど、とにかく〝強い人〟なんです」

誰もが震災後に気落ちする中で、舅だけは口ぐせのように「オレは浪江に戻って商売をやるからな」と言い続けた。避難生活で腕がなまってしまわないように、車の運転の練習もしたがっていた。

「そんな人だから、義兄のお葬式に義父《ちち》は出席しませんでした。親より先に死ぬのは親不幸者だからって。でも、そんな義父がウチに来たときには、ボロボロ泣いたんです。あの義父が涙を流すなんて、その姿を見たときは、やっぱりショックでしたね」

いつの日か線量が下がっても、震災前の町が蘇ることはなく、以前のような商売は到底、成り立たない。かといって、よその土地でゼロから商売を始めたり、雇われて働いたりする若さももはやない。義兄や美紀子夫婦らの世代が虚無感から抜け出すのは、至難の業だった。

「お葬式に来てくれた地元の人たちもね、『気持ちはわかる』ってみんな言ってくれました。『なんで死んじゃったんだろう』なんて言う人はいない。『あたしも同じ』『オレもそうだ』って誰もが言う。『だから余計に悔しいよな』って」

山があり、海があり、川がある。時期が来れば川に鮭が上がり、鮎も釣れる。山では松茸だって採れる。美紀子は、大熊の人々と似たような表現で、第二の故郷・浪江の素晴らしさを私に説明した。自然環境だけではない。地域の住民のつながりも、かけがえのないものだったと。

浪江でも近年は郊外型の大型店が増えていたが、商店街がシャッター通りと化すことはなかった。大半の住民が義理堅く、なじみの店を支えてくれていた。

美紀子が浪江に嫁いだ一九七九年は、大熊・双葉両町にまたがる第一原発で、六番目の原子炉が運転を始めた年だった。

大熊で代々農業を営んできた実家は、まさにその原発の目の前にあった。美紀子は震災で、故郷と嫁ぎ先のふたつを同時に失ったのだった。

大熊の〝原発以前〟も記憶する美紀子世代の感覚では、かつての浪江町は双葉郡内でも飛び抜けて賑やかで〝開けた町〟だった。

「大熊はホントに田舎でね。道路だって砂利道だったんです。原発の工事が始まると、建設工事でどんどん人が来ましたけど、浪江の『賑やかさ』とは、意味合いが違った。浪江みたいに昔から土地に根を下ろした賑やかさじゃなかったですから」

それでも、急激に発展する故郷大熊も、美紀子には好ましく映っていた。小学生時代には、アメリカ人技術者の家族が集まり住む、あの「GE村」にも自転車でよく遊びに行ったものだという。

「大熊みたいな田舎では、外国人なんて見るのはもう初めてのことでしたから。それはもう、インパクトがありましたよ。また来なさい、なんて言われて喜んで通ってね。ハロウィーンなんてものがあることも、あそこで初めて知りました」

遠い日を懐かしむ美紀子を、私はしかし、無残な現実に引き戻さねばならなかった。

一時帰宅の日にふるさとで命を絶つ。彼女の義兄による行動に、私はさまざまな思いを掻き立てられていたからだ。

報道によれば、彼に先立って南相馬市でも、仮設から自宅を訪ね首吊り自殺をした中年男性がいた。一ヵ月余りが過ぎたころ、川俣村でも一時帰宅して焼身自殺をしてしまった女性がいた。

私はまた、何人もの大熊被災者から、一時帰宅をした直後に気落ちしてしまった体験を聞かされていた。被災からまだ一年以内の早い時期のことだ。

凄まじい勢いで雑草に覆われ、変わり果ててゆくふるさとの風景。報道で接するどんな説明や映像より、自ら感じ取る故郷の荒廃に打ちのめされる人が多かったのである。

あの歌人・佐藤祐禎もそんなひとりだった。

短歌の作品で見せる情感とは裏腹に、直接対面する佐藤の印象は、あえて強気を装う性格だったのか、あっけらかんと達観したような表情を崩すことはまずなかった。

しかし、二度目の一時帰宅をした直後は違っていた。

「こりゃあもう、帰るのは無理なのかな、と落ち込んでしまいましたよ」

珍しく声を落とし、そう呟いたのだった。

私が口にした「ユウテイさん」という名前に、美紀子が大きく反応した。聞けば、彼女の中学生時代、佐藤は同級生のエネルギッシュな父親、PTA役員として誰もが知る〝有名人〟だった。遡れば、教員だった佐藤の妻もまた、小学校時代の美紀子の恩師にあたるのだという。

「実はもう、長いこと忘れていた名前なんですけどね」

美紀子は同じ浪江町の住民同士、歌人・三原由起子の母親とも親しい。その三原親子から震災のあと、佐藤祐禎の歌集『青白き光』について教えられ、〝ユウテイさん〟の意外な一面を初めて知ることになった。

「びっくりしたというか、ショックを受けたというか……。あの当時、こんなことを思っていた大人がいたんだって。私、原発に反対する人なんて、大熊にはひとりもいないと思ってましたから。町の発展は喜びであり、おカネにもなるし、てっきり、そんな人ばかりだと思ってた。でも、そうじゃなかったんですね」

佐藤を通じて私が認識した〝一時帰宅の風景に打ちのめされる〟という現象は、彼女自身も経験したことだという。

「みんななんで帰りたい、帰りたいって言うかっていうと、結局は土地への愛着なんですよ。どう言ったらわかってもらえるのか。都会の人は、たかが土地だろうって思うかもしれないけど、先祖代々ずーっと守ってきたものを、自分の代にバサッと失ってしまう。私たちの感覚では、それはとても耐えられないことなんです。おカネが欲しくてゴネてるんじゃない。このつらさは一億もらっても二億もらっても、どうにもならないの。そのことを、国の人も東電の人も、ちっともわかってない。私にはそれが、悔しくてたまらないんです」

だからこそ義兄の事件以後、マスコミに警戒心を抱いてきた中で、被災者にただ一点、「ふるさとへの思い」を聞き歩く私とは、会ってみる気持ちになってくれたのだという。

「みんなホントに口下手なんですよ。気持ちはいっぱいあるのに、それを言い表せない。でも、ここで黙ってちゃいけない。兄が死んだことで、思い出したくないこともいろいろあるんだけど、やっぱりなんとかして気持ちを伝えたい。そう思って、お会いすることにしたんです」

美紀子の心に残る、ふるさと大熊の風景。それは実家の前にある長者原の「平べったい山」だった。そこにはふたつの〝表情〟があった。ひとつは幼い日に駆け回った青々とした山。もうひとつは、原発ができたあとの風景。

「あの事故がなかったら、私にとってはどちらも良いイメージで残る大熊の象徴的な景色であり続けたと思います。でも、こうなってしまうとね。大熊は原発のおかげで豊かにはなったけど、何て言ったらいいのかな……」

一瞬、ことばを途切れさせたあと、彼女の口をついたのは、やや飛躍した結論であった。

「おカネの力って、やっぱり怖いなって思うんですよね」

家族の命や家業、さらには実家をも同時に失った哀しみを、〝おカネの怖さ〟に帰結する彼女のその飛躍は、しかし、今回の出来事の最も奥深い本質を突くもののように私には思われた。人々が深く深く根を張った大地と、バッサリ関係を断ち切られてしまう絶望。義兄があまりにも悲劇的な行動でしか示すことができなかったその思いを、どうしたら〝世間〟にわかってもらえるのか。

美紀子はそのもどかしさを繰り返し漏らしては、苦しげにため息を吐くのだった。

3

裏山に面したサッシ戸の外側は、人の背丈を越す積雪で壁のように閉ざされていた。別の窓から見える景観もほとんど白一色、灰色の木立の向こうに並び建つペンションの外壁だけが、かろうじて視界に彩りを与えている。

暖房の行き渡った室内の一角に目をやると、愛くるしい少女とその家族のスナップが壁に十数枚。反対の壁際には電子ピアノと並んで低い本棚があり、その最上段に一枚の児童画が画用紙のまま立てかけられていた。

寄り添って海を見つめる四人家族の後ろ姿。海原の右手には、突き出した岬の突端が描かれている。

大熊の海岸風景だ……。

シンプルな構図をひと目見て、私はそう察した。

その場所には私自身、足を運んだことがあった。町のやや南を流れている熊川の河口、その傍らに位置する海水浴場である。その日、住民の一時帰宅に同行した私は、町内を一巡した帰りにこの浜辺に立ち寄った。近くの熊川集落はすでに跡かたもなく、一帯にはただ原野が広がっているだけだった。

そこには、私たち以外にも数組の一時帰宅家族が車を停め、まさに児童画にあるように浜辺に立ち、海を見つめていた。

「これ、『馬の背』ですよね」

やがて雪道を帰宅したこの建物の主・木村紀夫は、岬の名を確かめる私に、そうです、と微笑みながら頷《うなず》いた。

この絵は被災した当時、小学校六年生だった長女・舞雪《まゆ》が描いたものだった。

かつて、この地元・熊川集落に暮らしていた木村は、震災を経て、雪深い長野県白馬村を再起の地と定めた。格安で売りに出ていた中古ペンションを買い、私が訪れた二〇一三年の年明けには半年後の開業に向け準備を進めていた。差し出された名刺には、「深山の雪」という新ペンションの名が刷り込まれていた。

「そもそもは私が、登山やスキーが好きだったものでね」

しかし、ペンションに名を残す木村の妻・深雪と、七歳だった次女・汐凪《ゆうな》は、ここにいない。熊川で同居していた父・王太朗《わたろう》の姿もない。深雪と王太朗はあの日、突然の大津波の犠牲となり、汐凪に至っては、未だ行方不明のままなのであった。

あの「三・一一」の午後、木村は勤務先・富岡町の養豚会社で震災に遭遇した。確かに巨大な揺れだったが、家族の安否を心配するほどのものとは認識しなかった。ラジオを聞いた上司から三メートルの津波警報が出たことを知らされただけで、続報は一切耳にしていない。

熊川の自宅が、土台だけ残して消え去ったことを知ったのは、日も暮れて養豚場の片付けを終え、家の近くにたどり着いてからのことだ。

震災の発生時、木村の父・王太朗は孫たちを迎えに行く道すがらにあった。ひとり家に残る妻のことが心配になった王太朗は、児童館にいた下の孫・汐凪だけを連れ、いったん家に引き揚げることにした。

しかし、王太朗の妻は近所の人とともにすでに家を離れていた。そして、避難先の小学校に向かい、下校せず残っていたもうひとりの孫娘・舞雪とそこで合流した。

同じころ、別の小学校で給食の仕事に従事する嫁の深雪は、王太朗と同様に無人の自宅へと向かっていた。

おそらく、彼女と王太朗、汐凪の三人は相次いで家に着き、改めて避難しようとした矢先に津波に襲われたのだろう。夕方、家の跡に戻った木村は、屋内で飼っていた犬が外出用のリードを取りつけられ、彷徨《さまよ》っているのを見つけた。

母親と長女だけの無事を確認した木村は、その夜は一睡もせず、三人を探した。しかし夜が明け、日が昇ると、原発事故による避難指示が発せられる。今度は放射能の危険から長女を守らねば、という思いに駆り立てられ、木村はふたりを連れ田村市へと向かった。

「妻たちは、どこかの避難所か病院にいるに違いない」

最悪の事態を考えないようにして、以後、木村はただひたすら、その可能性を思った。そう信じる以外、正気を保つ方法はなかった。

母親と長女を岡山にある妻の実家に預け、福島に引き返した木村は、避難所暮らしを続けながら、各地の避難所や医療機関を回った。

父親は四月二十九日、妻は六月の二日に、亡骸《なきがら》となって見つかった。もはや、木村も現実を受け止めるしかなかった。

長女は岡山の小学校にそのまま転校させた。放射能の被害が不安だったため、福島に戻すことは考えられなかった。だが、母親は岡山の生活になじめず、会津若松市に固まる同郷の人々と合流してしまう。木村は、岡山と福島を行き来しながら、三人で暮らせる場所を探し求め、なんとか見つけたのが白馬村の物件であった。

独身時代、国内や海外で放浪生活を体験した木村は、老後の夢のひとつとしてペンション経営を考えていた。そして、福島からさほど遠くない県外で長女を育てる、という条件。「夢の実現」と言うには、あまりにむごい展開となってしまったが、白馬への定住は、残された人生を精一杯生きるための最適な選択に思えた。

長女を呼び寄せて白馬に暮らし始めたのは、震災から一年後のことだ。だが、一時期合流した母親は、再び知己の多い福島に引き返してしまい、白馬への定住には未だに気乗りしない様子だという。

家族三人を惨劇で失い、また二度の転校という環境の激変を強いられた長女の精神状態はどうなのだろう。

「悲しさとかつらさを一切、表に出さない子なんです。だから、余計に心配で……。妻の遺体発見の電話があったとき、たまたま私の横に舞雪がいて、そのときに初めて、私の前で号泣したんです。だから、つらいのは間違いないのですけどね」

もう、かなりのことを理解できる年ごろになっているはずだが、長女は失った家族のことを何ひとつ、父親に聞こうとしないという。ある取材記者にその理由を尋ねられ、長女は「それは聞いちゃいけないことだと思ってた」と漏らしたという。

一方で、木村は震災の翌春、行方不明の次女の思い出をまとめた『汐凪』という写真集を自費出版している。

《静かな夏の海のように穏やかで優しい女性になってほしい。

そう願って付けた名前。

でも汐凪は、ちょっと違うイメージかな……。

ひまわりのような笑顔で、いつも元気に飛び回っている。
この本にあなたの命が輝き、
あなたの未来が広がることを願いつつ……》
そんな文章で始まる写真集は、愛くるしいいくつもの笑顔に彩られている。母・深雪の腕に抱かれ、あるいは晴れやかな運動会の日に撮影された、ありし日の次女。姉・舞雪と浴衣姿で写る夏祭りの写真もある。最後のページはこんなことばで結ばれている。
《そのうちひょっこり、汐凪は帰ってくるかもしれません。そのときは、汐凪をよろしくお願いします》
木村は、慌ただしい日々の中で本を作った思いを、こう説明した。
「以前ある雑誌で、イタリアに昔、病死した娘の遺体を剥製にした人がいる、という記事を読んだんです。変なたとえですけど、それに似た感情、娘の姿をなんとかして永遠に残したい、という気持ちから思い立ったことでした」

そんなやり取りから一年余を経た二〇一四年の春、私は白馬村を再訪した。前年の夏に開業する予定だったペンションには、意外にも看板すら掲げられていなかった。にもかかわらず、新しいパンフレットには「深山の雪　はじまっています」と書かれていた。よく見ると、そこに「ペンション」の文字は見当たらない。

《ここは、宿ではありません。
震災を経験した私が、
ここ白馬の森で　四苦八苦しながら
生きるありのままを見ていただき
参加・体験してもらうこと。
さらに福島の現状にも触れながら
これからについて　ともに考えていく場所です》

パンフには、具体的な施設の利用例として、薪《まき》割りや煙突の手入れといった施設そのものに手を入れる作業のほか、山菜摘み、自然観察、ハム作りといった体験学習など、さまざまなアイデアが列挙されていた。

宿泊する人からは、食材や生活必需品を現物で〝カンパ〟してもらい、あとは光熱費や施設の維持管理費として千円だけ徴収する。食事は割り勘で購入した食材を使って共同で自炊をする。そんな仕組みで運営する施設なのだという。

「結局、ペンションとして営業することはやめました。ここは、さまざまな仲間たちと交流し、震災への思いや自然の中で生きることを発信する場所にしていきたい。長野に来て、多くの人に支えられてゆく中で、だんだんとそういう考え方になっていったんです」

すでに、震災後に知り合った仲間たちと、薪を使った暖房器具「ロケットストーブ」の作り方を学んだり、害獣として駆除された鹿の解体を体験したりするワークショップを開催した。そのほかにも手づくりの建築術を学ぶイベントや音楽とトークライブの催しも企画しているという。

だが、そんな方法で果たして娘を養っていけるのか。

「基本的には物々交換でやっていきますが、現金収入もゼロというわけにはいきませんから、小規模な林業の請負仕事なども検討しています」

原発事故のせいで、迅速な捜索活動をできないまま家族を失った無念さ。その思いを原点にエネルギー問題を考え、可能な限り自然エネルギーを活用するライフスタイルを模索していきたい――。

それが、木村の抱く志だった。

「ああいうことが二度とないように、残った人間が何か行動していかないと、死んだ者が浮かばれませんからね」

前回の訪問時に、そんな思いを語っていた木村は、一年余を経て、志をさらに純化させていたのだった。

ただ、そういったポジティブな動機の一角に、ほんの小さな部分を占めるだけなのだが、木村がペンション経営を断念した背景には、ある不愉快な出来事も影を落としていた。

前年の七月、木村は支援者の協力を得て、熊川の自宅跡に家族の慰霊碑と地蔵を建立した。

翌月には日本テレビの『二十四時間テレビ』でその模様が紹介され、木村自身も番組に出演した。

「そのとき、レポーターとしてここに来た女優さんが『大きい家ですねぇ』としきりに強調したせいもあったのでしょう」

番組は予想もしない反応を生み、木村はネットでの誹謗・中傷にさらされることになってしまったのだった。

《福島県民は加害者側》

《いつまで被害者ヅラ?・》

改めて検索してみると、木村を名指ししたそんな書き込みがすぐ見つかる。

木村は二〇一四年春の段階でも、事故直後の世帯あたり百万円という仮払補償金しか受け取っておらず、中古マンションは養豚会社で働いた蓄えで購入したのだが、批判者は東電の補償で優雅に暮らしている、と一方的に決めつけて、情け容赦ない罵詈雑言《ばりぞうごん》を浴びせたのだった。

「本当にもう、嫌になっちゃってね。一時は公に発言するのをやめようかとも思いました」

だが結局、木村が選んだのは、金銭を極力介さない求道者のような生き方をしてまでも、メッセージを発信することだった。

沈黙の底に引きこもってはいけない。

そこにあったのは、自己防衛という退路を自ら断ち切った男の顔だった。

第七章　ふるさとを後世に刻む

1

二〇一三年の春、中野幸大が町役場を去ったと聞かされたとき、私はことばにならない驚きを覚えたものだった。三十代前半の若手職員でありながら、大熊の地に対する彼のこだわりは、周囲に例を見ない輝きを放っていたからだ。

私の目に映る中野は、行政マンに名を借りた、情熱的な考古学研究者だった。

國學院大学に学び、遺跡調査をする財団の職員を経て、二十八歳で役場職員となった。町役場でも、生涯学習課と民俗伝承館の職員を兼務して、震災まで一般職員でありながら事実上、学芸員のような立場にいた。

大熊では一九八五年に町史が編まれたが、その編集に携わった古老たちは、ほとんどが鬼籍に入っている。大熊の歴史や風土を知るうえで、最も頼りになる専門家はもはやこの若き役場職員を置いていなかった。

もっとも、私は中野と出会ったころ、そのような彼の素性をまだ、何ひとつ知らずにいた。ただ単に、役場の復興構想チームの一員として、彼の名を認識したのだった。

ときには、罵《のの》り合いの一歩手前、という状況にもなった――。

復興構想の議論が始まった当初の雰囲気を、私はそう聞かされていた。対立の一方の当事者こそ、この中野だった。

一日も早く町に帰ることを前提とするのか。それとも、何十年もの長期戦を覚悟して、まずは拠点となる〝第二の大熊町〟をどこかに築くべきなのか。中野はただひとり、後者の考えを強硬に主張した。

中野の意見は結局、同意を得られずに終わったが、意外にも、検討委のメンバーは誰もがみな、持論に固執したこの男を「面白い奴です」と好意的に語っていた。

「検討委員に選ばれた感想？　正直に言えば、使命感というより、腹が立ちましたね」

実際、本人を訪ねると、おとなしそうな容貌に不似合いな〝尖ったことば〟を、次々と口にした。

「将来を担う若手の意見を、なんて言われてもね。私には、責任を押しつけられたようにしか思えませんでした。会津若松に避難して間もないころでしたから、うだうだ議論なんかしてるより、除染でも調査でも、とにかく『実行部隊』として現地に飛び出して行きたかったんです」

簡単に町に戻れはしないのだから……。そんな前提に基づく中野の〝第二大熊町建設案〟は決して、ふるさとを捨ててしまおう、という話ではなかった。真意はむしろ逆。中野はけた違いに長期にわたる闘いを覚悟すべきだと訴えたのだった。

いま振り返れば、もし町民が一致団結して〝もうひとつの町〟をつくるのなら、チャンスは被災から数ヵ月以内のこの時期にしかなかった。

三年余の時間が過ぎてしまえばもう、大方の町民が〝それぞれの事情〟で歩き出している。町の中核となり得る働き盛りの年代なら、なおさらのことだ。

だが、いまでこそ町民の大多数が理解する「長期戦しかない」という認識は、その時期には〝極論〟としか受け止められなかった。半年や一年、あるいは二、三年で帰れるのではないか、という〝幻想〟がまだ、支配的だった。中野の意見はその意味では、早すぎたのだった。

「たとえ百年、二百年、孫子の代になろうとも、必ず大熊を取り戻す」

中野のこの強烈な思いは、誰よりも大熊の歴史にこだわり続けてきたバックグラウンドがあればこそ、のものだった。

「遺跡を発掘する真似ごとは、小学生時代からやってました」

やはり考古学好きだったおじや兄の影響で、物心ついたころから、町内の畑や川原を歩き回っては、土器を拾うのが趣味だった。同級生を誘っては遺物を探し歩く少年の姿は、数多くの町民の記憶に刻まれている。

「縄文時代の土器や火縄銃の弾、戦国時代の『館《たち》』や関所の跡……。スコップで掘り返すようなことはしなくても、土器や遺跡は見つかります。意外とあちこちにあるんですよ。自力で最初に見つけたのも、破片でなく、丸ごと一個の縄文土器でした」

郷土愛と歴史への思いは、密接に絡み合っている。私は、歴史による強烈な地域アイデンティティが貫かれた町、『八重の桜』のふるさとの会津若松市に通い続けるうち、いつしかそう感じるようになっていた。

もちろん、幼い日の個人的な体験や人々との関係、その土地ならではの景観や〝おふくろの味〟など、もっと身近な感覚で「ふるさと」を認識するほうが一般的だろう。

だが、何百年と同じ土地に根を張り続けてきた人々にとって、地域全体で共有する歴史の積み重ねは、さらに一段階上の「思い」であるはずだ。親や祖父母の代に「地縁」と切り離された私のような都市圏の〝根なし草〟には、失われてしまった感覚である。

しかし、そういった種類の郷土愛が東北のような地方ならどこにでもあるものか、といえば、近年はもう、必ずしもそうではない。

誤解を恐れずに言えば、大熊被災者の相当数の人は、もはやその〝土着性〟をさほど強烈には発散していない。自己主張を抑制する気質から、そう見えるだけかもしれないが、私にはやはり、風土へのこだわりそのものが希薄化して、とくに若年層の間には〝都会化〟が進んでいるように思われるのだった。

郷土愛がない、と言っているわけではない。私のようなベッドタウンに育った人間にしたところで、郷土愛はある。だが、東北ということで〝より濃厚なもの〟をイメージしていると、肩透かしを食らった感覚に陥るのだ。若き日に秋田に暮らした体験と比較して、私はそんな印象を受けたのであった。

そのことは、大熊被災者が身を寄せる会津若松の強烈な地元意識と比べても、くっきりと対比されるものだった。

私がずけずけとそんな印象を口にするたびに、中野は悔しげな表情を浮かべた。

「確かに、郷土愛という部分で大熊と会津若松を比べたら、うらやましく思えるし、悲しくもなります。でも大熊の場合、そういう気持ちが薄い、というよりも、地元に誇るべき歴史があることをそもそも知らない人が多いんです」

過去ほとんど、調査がなされずにきた大熊は、遺跡調査のフィールドとしては〝処女地〟に近いエリアだという。新版の町史編纂をはじめ、そういった郷土史の掘り起こしを本格化しようとするまさにその矢先に、今回の震災に見舞われてしまったのである。

中野の語り口には、独特なユニークさがあった。

たとえば、大熊町民を大別すれば三種類に分類できると言い、そのひとつが旧来の土着民、ふたつ目が天明の大飢饉のあとやって来た一向宗の開拓民、三つ目が、昭和四十年代以降、原発建設によって流入してきた新しい人たち……そういったスケールでものを語るのである。

「文化のはざまに位置するせいなのか、大熊にあるお寺は遍照寺ひとつ。隣の双葉町にはたくさんあるんですよ。それでも、『館』と呼ばれる豪族の城跡など、さまざまな遺跡が残されています。何もなかった場所、とは絶対に言われたくありません。昔から温暖な気候だったせいでしょう。川沿いの土地には、たくさんの遺跡が見つけられるんです」

そんな中野が被災直後から福島県に訴え続けたのが、民俗伝承館に残した出土品や古文書の〝救出〟であった。

震災の翌年、その願いは実現した。秋以降、大熊や富岡、双葉町に残された文化財は相馬市を経て、白河市の県施設に保管されることになった。大熊からは、民俗伝承館の考古学出土品を中心に、トラック六台分の文物が運ばれた。

中野はまた、熊川地区の「稚児獅子舞」と長者原地区の「じゃんがら念仏踊り」という町指定文化財になっている伝統芸能に関しても、震災で失われた衣装を復元する事業にかかわった。

「県の事業内容には、これらの伝統芸能をビデオで残すことも含まれていました。その撮影で保存会の人たちに集まってもらったのですが、最初は乗り気ではなかった人たちも、いざ舞い始めるとそれはもう、すごい気迫になり、情熱が蘇ったようでした」

その後、獅子舞のほうは、会津若松の仮設で定期的に練習が行われるようになった。練習風景を覗くと、集会所内の一角には仮設の高齢者たちが陣取って、孫のような男児らの舞いを、目を細めて見守っていた。

獅子舞の復活は明らかに、人々の思いをつなぎ止める一助となっていた。

だが、文化財の救出という大仕事を成し遂げた中野は、そこで自らの役目に区切りがついた、と考えたのか、しばらくして町役場を去る決断をした。最後に所属した教育総務課では、彼の専門知識はもはや必要とされはしなかった。

中野はやはり考古学のフィールドにいたかったのだろう。専門機関に入り直し、再び遺跡調査員になったと聞き、私はそのように想像した。

二〇一三年十月、私が雑誌連載の終了以後、約半年ぶりに会津若松を訪れたとき、市内にある県立博物館の一角に、「ふるさとの考古史料【大熊町】遺跡探訪」というコーナーが設けられていた。県と大熊町教委が共催し、一年近く継続する企画展だった。

展示物は、中野が救出に尽力した品々であった。

中央には、両腕を広げても抱え切れないほど巨大な須恵器の甕《かめ》が四つ置かれていた。原発のすぐ南・夫沢地区にある奈良時代の棚和子古墳から発掘されたものだ。

「大熊が何もなかった場所だったとは、絶対に言われたくない」

中野のそんなことばが脳裏に蘇る。

会場に掲げられた一枚のパネルには、その奈良時代、大熊を含めた浜通り地方で、製鉄が盛んに行われていたことが説明されていた。

《当時、東北北部では蝦夷と呼ばれていた現地の人々と中央政府軍との間で戦闘状態が続いていたことから、浜通り地方で生産された鉄は武器などの製作に使用されていたと考えられています。大熊の地で生産された鉄が、当時の中央政府の政策を支えていたわけです》

もしかして、この一文を書き残したのは、中野なのだろうか。そんな考えがふとよぎった。いや、別の誰であろうとも、これを書いた人物の胸中に、「中央」への何らかの思いがあることは、行間からしっかり読み取れる。

印象的なパネルは、それ以外にもあった。長者原地区の遺跡の説明文である。

こちらは設置者の意図とはかけ離れた感想に違いないのだが、そこに触れられた長者原、すなわち第一原発が築かれた地区の伝説が、まるで今日の出来事にまつわる寓話のように私には思われた。

《昔、長者が農民を集めて広大な水田を一日で田植えするために日没後の太陽を再び呼び戻し、それが祟って没落し、屋敷跡からたくさんの米ぬかが掘り出されたと言います》

貪欲さのあまり許されざる力を使い、天罰を受けたという古《いにしえ》の長者。そんな物語が、原発をめぐる大熊の盛衰と重なって読めたのである。

順路の最後にあるパネルには、満開の花に飾られた梨園の写真が引き伸ばされ、「いつか　また　大熊で」というメッセージが添えられていた。

中野の退職を知ってから一年を経て、私は〝本来の仕事〟に戻った彼に連絡をとろうとした。しかし、戻ってきたメッセージは「そっとしておいてほしい」と面会を拒むものだった。

もしかしたら、役場を去った背景には、人に言えぬ苦い経験があったのかもしれない。だとしても私は、中野幸大が故郷・大熊に背を向けた、というふうには到底思えない。

「百年かかっても大熊の地を取り戻す」

民間の一被災者に立場を転じたとはいえ、そう熱く語っていた彼の信念に、揺らぎはないものと信じている。

2

二〇一四年の春、須賀川市の鎌田清衛から厚めの封書が送られてきた。本書の冒頭で紹介した元・梨作り農家の鎌田である。中から出てきたのは、『日隠山《ひがくれやま》に陽は沈む』と題した自費出版本だった。

いよいよ、でき上がったか。

空虚な日々に抗《あらが》うようにして、鎌田が本作りに没頭してきたことを知る私は、もどかしい思いでビニールの覆いを引き剥がし、早速作品に目を通した。

大熊の地誌にまつわる独自の研究を、淡々と書き連ねた体裁をとりながら、そこには郷土を慈しむ鎌田の思いがぎっしりと詰め込まれていた。

標高六〇一・五メートル。日隠山は大熊町民なら誰もが知る阿武隈の頂である。実際には、内陸に細く入り込む町の奥地には、さらに高い峰が七つもあるのだが、沿岸の町場から見える範囲ではやはりこの山が最高峰であり、大熊のシンボルなのだった。

避難先の須賀川でも郷土史の研究会に加入したように、地域の歴史や地理、伝承に深い関心をもつ鎌田は、幼少期から慣れ親しんできた日隠山について、震災以前からコツコツと地名の由来などを調べていた。

そんな幾年にも及ぶ調査をまとめ上げたのが、この本であった。

鎌田が独自に突き止めたのは、その地元・小入野地区にある海渡《みわたり》神社から日隠山を見上げると、年に二度、春分の日と秋分の日に、落日と日隠の山頂、そして神社とがぴったりと一直線上に並ぶことだった。

本ではその調査のいきさつを紹介したうえで、関係する地名にまつわる伝承にも触れている。たとえば、集落名の「小入野」はもともと「御入野」だったらしく、常陸国、つまりは大和朝廷支配領域の北限だった苦麻村（熊川地区）からさらに北方の〝化外の地〟に分け入る、という意味合いで、坂上田村麻呂の北進にちなんでつけられた名前ではなかったか、と想像を広げている。

そして、民俗学あるいは考古学的な調査・研究のフィールドとして、可能性を秘めた海渡神社一帯が震災以後、中間貯蔵施設の建設で国有化される候補地に含まれてしまったことを、鎌田は深く嘆くのであった。

《地域の人達が戻れるまで放置しておけば木造の社は朽ち果ててしまう。いま何らかの手を打たなければ間に合わなくなってしまう》

そう言って鎌田は、周辺地域の保全措置を訴えたうえで、こんな自作の歌で作品をまとめていた。

戻らんははるか彼方と諦めて失せゆく里の今を書き置かむ

『日隠山に陽は沈む』には、私が鎌田から直接聞いたことのある調査活動のエピソードも記されていた。震災のあった二〇一一年三月に、鎌田やその仲間数人が広く一般町民に呼びかけて、日隠山をめぐるイベントを企画していた、という話である。

その企画は、三月二十一日の春分の日に、海渡神社から日没を見よう、という観察会だった。三月一日には、その下準備も兼ねてまだ雪の残る日隠山に登り、ＧＰＳを使って緯度経度を測定した。六日には、町役場の中野幸大に引率され、当日、抱き合わせの企画として予定されていた、周辺の史跡を散策するコースの下見が行われた。

こうして着々と準備が進められてゆく中で、あの「三・一一」が到来し、鎌田が研究成果を披露する機会は、無残にも吹き飛ばされてしまったのだった。

幻と消えたイベントを準備していた鎌田やその仲間たち。彼らこそ、大熊という風土に長年こだわり続けていた「ふるさと塾」(渡部正勝塾長)の有志たちだった。いわき市の元森林組合職員・髙橋清も加わっていたグループである。

ふるさと塾は一九九四年に生まれた。

きっかけは、町文化センターの事業として外部から町おこしの専門家を招いて行われた一連の住民講座だった。一年目はこの文化センターで毎月、二年目は町内各地区を巡回する形で講演が行われた。

自然や民話など、大熊にはさまざまに「いいもの」がある。講師によってそのことに気づかされた受講者らは、たった二年間で〝学び〟を終わらせてしまうのは惜しいと考え、閉講後、自主的に勉強会を継続するグループを立ち上げた。それが、ふるさと塾だった。

全国で町おこしや村おこしがブームになったのは、その少し前、八〇年代末のことだ。若者の流出で寂れる一方の「地方」を元気にしよう、という取り組みであった。

「でも、大熊の場合はそうじゃありませんでした」

原発による安定した雇用があるおかげで、人口は年々増え続け、出生率も維持されていた。ふるさと塾は、経済的な郷土振興とは別次元の、純粋な文化活動として生まれたのである。

「原発オンリーのふるさとではないだろう、という精神的な運動です」

中核メンバーの鎌田は結成時に副塾長を務めた。原則として活動は自由で、会全体で企画するイベントもあれば、小人数のグループに分かれ興味のあるテーマに取り組むスタイルもあった。たとえば、初代塾長の石田宗昭はドングリを使った工芸品作りや遺跡巡り、古代米栽培など、現・事務局長の石橋英雄は絶滅しかかっていたホタルの保護活動、そんな具合に会員それぞれが中心的なテーマをもち、仲間を巻き込んだ。

鎌田は日隠山の調査のほか、大熊方言の研究も手がけた。専門家の指導を受けながら町独特の表現を集め、語彙一つひとつに具体的な例文をつける。そんな作業を根気よく、震災の直前まで続けていた。

私は鎌田から、まだ途中段階のリストを見せてもらったこともある。

「ホータブ（ほっぺた）」

「ホーロク（物を落とす）」

「ホマチ（へそくり）」……。

アイウエオ順に、聞いたこともないことばが無数に並んでいた。

「二十代、三十代の若者だと、もうほとんど、わからないと思いますよ。周辺の町と比べても、大熊は早い時期に方言が消えてゆきましたから」

そう、震災の有無にかかわらず、変化の著しい大熊では、「原発以前」の姿を記録する〝最後のチャンス〟とでも言うべき時期に差しかかっていたのだった。

二〇一二年一月。

会津若松にある大熊の仮設町役場で、震災後初めてとなる文化財保護審議会と民俗伝承館評議会の会合が開かれた。中野幸大はこの席で、伝承館史料の〝救出〟が県に認められたことを一同に報告した。

審議会副委員長として須賀川から泊まりがけで参加した鎌田は、その翌日、ふるさと塾の現副塾長・庄子ヤウ子とともに、庄子の住む亀公園仮設住宅の集会所で、私に対応してくれた。庄子もまた、町の教育委員として前日の会合に出席していた。

振り返れば、私がふるさと塾について、彼らからじっくり話を聞いたのは、このときが初めてのことだった。

「昨日の会議では、ある研究者から、大熊の出土品を返却したい旨の申し出があったことも報告されました。なんでも大熊には、紀元六～七世紀のものと思われる方墳があり、その関連の貴重な史料らしいです。中央で聖徳太子や蘇我氏が活躍した時代に、相当な有力者が大熊にもいたのです」

ふたりの話は、審議会の模様からふるさと塾の説明、そして鎌田の取り組む方言の研究へと徐々に移り、いつしか〝大熊から方言が失われた変わり目〟についての思い出話となった。

庄子が振り返る。

「東電関係の新住民が増え、奥様方が商店街に来るようになると、地元の人たちも標準語を話すようになりました。私は昭和二十二年生まれですけど、原発が来たのが高校卒業のころだから、ちょうどその〝境目の世代〟だと思います」

鎌田には、意外な指摘だったらしい。

「でも、方言に劣等感はなかったでしょ？　オレは気にしなかったよ」

「女の人はけっこう気にしたんですよ。東電の人に向かって、『ナニナニだべ』なんてことばは使えない。私たちはちょうど集団就職の世代ですからね。私自身、四年間、東京で働いたけど、東京での第一関門がまず、訛りをなくすことでした」

ふたりの認識が一致していたのは、私が感じていた大熊住民の〝土着性の薄さ〟が、原発以後、急速に進んだ現象だということであった。町の人口約一万一千五百人（現在は約一万一千人）は、原発以前の倍にまではならないが、世帯数で見れば、約四千世帯の約半分は新住民だった。

「だから、ベッドタウンと言えば、大熊だってもう、東電のベッドタウンになっていたんですよ」

潤沢な補助金のおかげで、水道代などの公共料金は安く、そういった「住みやすさ」を理由に町外から移り住む人も少なくはなかった。保育所も利用しやすく、町営住宅には、町外の母子家庭の入居者が目立っていたという。

「昭和四十年代に原発の建設が始まると、全国から集まった労働者が町に溢れるようになりました。いつの間に、という感じです。もちろんそれで町は潤ったわけですが、いいことばかりではなかった。あのころ多かったのが、奥さん方の〝蒸発〟。外から来た男とくっついて、人妻がいなくなっちゃう、という話です」

庄子も苦笑いを浮かべ、「そういえば一時期、大熊にはモーテルがずいぶんたくさんあったよね」と付け加えた。

その一方、当初は作業服で酒場に出入りする東電職員が目についたが、住民感情に気を遣ってのことか、近年は会社側がそれを禁じるようになった、という話もある。

「ですからね、そういった〝原発以後〟の大熊町の変化を、我々は見直していく必要があると思うんです。震災で吹っ飛んでしまいましたけど、実は大熊では、新しい町史を編纂することになっていた。以前に刊行された町史では、主立った記述は昭和四十年代で終わっている。その後の一年一年が、それ以前の十年単位に匹敵する変化を町にもたらしているわけです。いいことも、悪いことも、きちんと記録する。その作業が、我々の世代の責任じゃないか。そう思っていたのですけどね」

鎌田らの話を聞くうちに、「いまだからこそ」ということばが私の胸に浮かんだ。ふるさとの歴史や文化を見つめること。原発とともに歩んできた大熊の戦後を自らの視点で見直すこと。これらは、放射能禍に見舞われ、避難生活を強いられているいまだからこそ、実はこれまでになく重要な意味をもつことではないのか、と。

もちろん震災以後、大熊は非常事態にある。歴史や文化など〝何の腹の足しにもならない精神論〟にかまけている場合ではないのかもしれない。

しかし、完全な形で町民が大熊の地を取り戻すに至るには、気の遠くなる時間がかかる。その長期戦に取り組むには、人々の心に確固たる〝風土へのこだわり〟がない限り、尻すぼみになってしまうことは目に見えていた。

二十年後、三十年後、あるいは五十年後、という遠い日に、町への帰還が可能になったとき、そこに再結集する町民はいったい何人残っているのだろう。

「そうなんです。私たちはそのことを言っているんですけど、周囲の人たちとなかなか話は噛み合いません。わかってくれる町民はたぶん、ごく少数でしょうね」

庄子は悔しそうにため息をついた。

「町民が三人集まれば、いつ戻れるか、補償はどうなるか、そればっかり。ふるさと塾のような話が出ることはまず、ありません。それ自体は、仕方がないでしょう。みんな、生活がありますから。ただ、そのことを別にしても、大熊の人はふるさとへのこだわりが薄い気がします。もしかしたらそれは、原発の町になった弊害かもしれない。人口の流入で、大熊らしさが年々薄まってゆく中で、何かあれば東電にお願いし、役場にやってもらう。そんな形でこれまでずっとやってきた。自分たちでなんとかしなければ、という追い込まれた立場になったことがない。そういったことも、現在につながっていると思います」

鎌田らは前日、文化財保護審議会の会合後に開かれた懇親会の席上、改めて新町史の編纂などを訴えたが、時期が悪すぎる、ということで、町幹部の反応は鈍かったという。

庄子はまた、ふるさと塾の仲間と続けてきた「布芝居」についても説明してくれた。屋台を使った紙芝居のようなもので、取り上げる物語はすべて、大熊の民話。語り口はもちろん、大熊訛りである。

《むかし、太平洋の浜っぱださ、小良浜どいうちんちぇ村があったど。ほこは相馬藩と磐城藩の境の村で昔から戦《いくさ》にまきこまれたり、境争いがあったりして、なかなか大変な村だったど……》

これはあの歌人・佐藤祐禎の地元、小良浜集落に伝えられてきた『助宗明神物語』という民話の冒頭で、布芝居はそんな具合に語られてゆく。

前年の暮れ、会津の人々と浜通りの被災者が交流する料理教室のイベントで、庄子らは久しぶりにこの「布芝居」を披露した。

「だめだったね。やり始めたら、見てる大熊の人が泣き出してしまって、こっちもつられてつい……。あちこちの仮設住宅でやってほしい、と言われるんだけど、地元の人の前でやるのはまだ、ちょっと自信がありませんね」

さらに一年を経て二〇一三年の年明けにも、私はふたりと話をした。やはりまた、会津若松で文化財保護審議会などの会合が開かれた時期のことだ。会合に引き続き、出席者の懇親会がもたれたのも前年と同じだった。

鎌田がその様子を聞かせてくれた。

「とにかく、いま我々がやらなくちゃいけないことは、自分たちの記録・足跡を残すこと。私たちは、そのことを話したんですが、今回は、去年よりわかってもらえた感じです。衣食住のことは、どうしても必要なことだから、誰もが求めていく。でも、それ以外に何もしない、というのでは、あまりにも情けない。被災後の数年間、何もしなかったことをあとで悔やんでも、取り返しがつきません。時間が経てば経つほど、みんなばらばらになり、いろんなことが難しくなっていきますから」

新町史についても、町幹部の反応は、前回のように頭ごなしに否定する態度ではなかったという。庄子は庄子でまた、町役場に専門の担当者を置き、被災した町民の〝その後〟を克明に記録するべきだ、と訴えた。

失われる瀬戸際にあるふるさとを見つめ直し、息の長い〝こだわり方〟を続けてゆく。その積み重ねの中にしか、自分たちにとっての原発禍を考える糸口はおそらくない。

一年間の変化、という点では、彼らの言う町役場の理解ばかりでなく、私自身が感じるふたりの印象も、前回とは少し違っていた。

鎌田らはもともと、原発政策をめぐる主張を声高にするタイプではなかった。それだけにこの日、聞かされた次のような話は予想外だった。

鎌田や庄子たち、ふるさと塾メンバー数人が数ヵ月前、青森県・六ヶ所村で開かれた地元住民のイベントに招かれたときの話である。

大熊町民として被災体験を聞かせてほしい。そんな依頼を受け、参加したイベントであったが、資源エネルギー庁などがかかわる催しだったせいだろう。冒頭から動燃職員が原発の必要性を滔々《とうとう》と訴えて会合は始まった。

テーブルごとの討論では、数卓に分かれた大熊の参加者がありのままの体験を語ったにもかかわらず、それを集約する討議報告では、軒並みその内容はカットされ、原子燃料サイクル施設の試運転や建設を一日も早く再開してほしい、という〝取りまとめ〟にされてしまったという。

あまりにも露骨なイベントの進行に、ふるさと塾の参加者らは「利用されてしまった」と憤りを感じた。

「いま思えば、震災前の大熊の雰囲気もあんな感じだったはずだけど、私たちは当時、それが当たり前だと思ってた。でも、こういう立場になってみると、改めてその異常さがわかります」

呆れ果てた表情で、庄子がそう漏らした。

これほどの露骨さは記憶にないものの、震災まで、ふるさと塾の活動にも東電は支援をしていたという。六ヶ所村での体験は、自らのふるさとにも存在した〝いびつさ〟を改めて浮き彫りにする出来事であった。

3

郷土の姿を何らかの形で記録に残したい。そんな思いを抱く人は、ほかにもいた。

会津若松市内の借り上げアパートに暮らす河西確は二〇一三年夏、自身の生まれ育った集落の思い出を、『熊一区の歩み』という冊子にまとめて刊行した。

熊地区は、富岡町境から町中央部にかけての集落で、河西は昭和から平成にかけ十四年間にわたり、常磐線東側にある熊一区の区長を務めていた。

私がそのアパートを訪ねた秋、河西夫妻は半月後にいわき市に引っ越す準備を始めていた。

「私ももう八十二歳で足が悪いんです。雪の多い会津若松だと、冬の間、散歩ができなくて、どうしても体力が落ちてしまう。それとね、アパートや仮設ではやっぱり死にたくないんです。ウチは〝ばっぱ〟とふたりだけだから、小さな家を買ってね、そこに越すことに決めました」

河西が集落の冊子を作るのは今回が二回目で、最初の冊子は、自身が区長に選ばれた直後の一九八七年にまとめている。

「私は五十代だったけど、当時はまだ、古いことを知るお年寄りがたくさんいた。ちょうど新しい住民がどんどん増えてきていたから、こりゃ、いま聞いとかないといけないな、と思ったの。で、今度は震災になっちゃったでしょう。誰かが書き残しておかないと、将来、あそこがどんな場所だったのか、わからなくなっちゃいますからね」

そして、河西は集落の小高い丘にある小さな公園を一例に挙げた。数本の桜の木が植えられ、昭和の終わりまで毎年、地区の花見が行われていた場所だが、そもそもなぜ、そこに公園ができたのか。三十年前の段階でも、わかる人はすでにほとんどいなくなっていたという。

「もともと熊には神社がなかったの。だから、熊川の諏訪神社から小さな祠《ほこら》を分けてもらい、そこに公園を造ったわけ。明治時代には、子供たちが相撲を取る道場があったそうですよ。土地を寄付してくれたのは、地元の熊という古い家でした。調べたらそんなことがわかっていったんです」

地名にも名を残す熊という一族は戦国時代、一帯を治めていた豪族で、その後、地域を制圧した北方の相馬家は、熊一族を封じ込めるため、その屋敷の周囲に相馬家の武士を何人も配したという。

同様に熊川地区の豪族だった熊川家は、相馬の城下に転居させられたが、熊家は押さえ込まれながらも現地に留まって、その子孫はいまも熊地区に続いている。

『熊一区の歩み』はそんな時代の話から現代の地域行事に至るまで、大小の出来事を箇条書きにして、年表にまとめている。戊辰戦争の際、熊駅に陣を敷いた仙台藩が一帯に火を放ち、撤収した逸話も収められている。

近年の出来事は運動会や防災会などの行事から地域に造られた設備についてまで、区長時代の克明なメモを下敷きに、写真も取り込んで詳述されている。

聞けば、河西家は鳥取にルーツをもつ一族なのだという。あの真宗移民である。

「でも、ウチはまだ新しい。明治になってから、爺さまの親のときに来たんです。江戸時代にやって来た親戚を頼ってのことだったそうです」

地区には五、六軒、そうした真宗移民の家があるという。

しかし、そうした長い歴史をもち、熊村から熊町村、大熊町へと合併の中で自治体名に名を残してきた熊地区だが、戦後、原発の建設が始まるまでは、経済的には恵まれない集落であった。

「やだち」と呼ばれる湿地帯が一面に広がり、農耕地も腰まで泥に浸からないと田植えができないような土地だったためだ。

「それが、東電が来たころ、町が地下水の流れを変える工事をしてくれて、乾いた土地が一気に増えたんです。そこに住宅団地ができ、百戸くらいしかなかった部落が三百戸の新しい町に生まれ変わったの。私が区長になったのは、そんなころのことでした」

しかし、新住民の急増は、地区の古い秩序を一変させてしまう。

「いろいろありましたよ。我々が頑として続けたのは、春先の道路清掃です。でも、『出不足』と言ってね、どうしても参加できない家が三百円だの五百円だの払うしきたりがあったのに、『そんなのはおかしい』という声が強まって、なくなってしまいました。まあ、多勢に無勢ですよ。ちょっと揉めると、古い人間はすぐ引っ込んじゃいますからね」

戦後しばらく途絶えていた盆踊りが復活した時期もあったのだが、「参加するのは古い住民ばかり。新しい人は班長さんしか出てこない」という状態で、こちらもほどなくして立ち消えになってしまった。

だとすれば、果たしてどうなのだろう。原発事故によって地区の行く末が見えなくなった中、集落の姿を記録に留めたい。そんな思いから冊子をまとめた河西の情熱は、共感をもって受け止められたのか。

「それはないですね」

寂しげに河西は首を振った。

「町役場の対応はびっくりするほど協力的でした。いろんな資料を提供してくれたし、印刷屋さんまで紹介してくれた。町長さんや副町長さんもみんなすごく喜んでくれた。でも、新聞で取り上げられ、町の広報にも載ったのに、『欲しい』という希望者が何人いたと思います？　二百部印刷して、たった十何人ですよ。こういうことに関心をもつ人は、せいぜいその程度なんです」

一方で、高齢者の胸の奥底を探れば、「語り合いたいこと」は山ほどあるはずだ、とも河西は強調した。そして、半月ほど前にいわきの温泉で開かれた小学校時代の同級会を引き合いに出すのだった。

震災の年に開くはずだった「傘寿のつどい」が二年遅れで実現し、大熊周辺に暮らしていた十人ほどが集まった。

「どうせみんな、ダべりたいんだっぺ、ということで、午後二時くらいから旅館に集まってロビーでおしゃべりして。夕方から宴会になったけど、座敷を借りられる二時間が過ぎても、自己紹介がまだ続いている。震災で自分がどんな目に遭ったとか、みんなもう、しゃべりたいことが多くて止まらないんですよ」

かと思えば、会津若松でボランティアの人が開いてくれている月例のサロンには、毎回五、六人、同じ顔触れしか集まらない、という嘆きも口にした。

「仮設は違うかもしれないけど、私らみたいに借り上げアパートに入ると、ふだん大熊の人と会う機会はほとんどない。そんな人はほかにもたくさんいるはずなのに、みんなすぐ『しち面倒なことはいいや』ってなっちゃうんだよ」

ふるさとを語り、震災体験を語る。それを望む思いは多くの人が共有するはずなのに、気恥ずかしさや煩わしさに阻まれてしまうのか、結局は大半の人が引きこもり、塞いだ気分のまま日々を過ごしている。

「私だってそうだもん。本を作ってる半年くらいは、あれもやらなくちゃ、これもやらなくちゃって元気だったけど、でき上がったら、ほっとしてもう何もしない。それじゃいかん、と思うんだけどね」

河西は七人兄弟の次男。病弱な兄に代わって農業を継いだが、子宝には恵まれず、亡き母の意向で、年の離れた末弟を養子とした。そして、農地の所有権は親の代から直接、この養子に名義を移していた。

東京で会社勤めをしていたその養子は震災の数年前、早期退職をして大熊に帰郷したが、被災後は再び東京に引き返し、避難生活を送っている。

「それでもまだ、彼らは大熊の家を継ぐつもりでいます。土地を守り、墓を守るって約束したんだからって。ウチの土地は（居住制限区域の）大川原と川一本挟んだすぐ近くで、線量も比較的低い。原発からも五キロ離れてるってことで、いずれは戻れるんじゃないかって思ってるんじゃないですか。

もちろん私も応援してますけど、実際問題として線量が下がっても、店も病院もないようなとこなら、戻る人はほとんどないでしょう。だからね、私らが死んだあと、本当のところはどうなるのか。そのときになってみないと、わかんないと思ってます」

原発で潤い、その事故で富を失い、生活を再建するために、しっかりとした補償を受ける。それはそれで、完結する話である。補償や行政支援に不足があれば、交渉が必要となる場面も出てくるであろう。

ただし、そのことと故郷を喪失することとは、また別の話であるはずだ。にもかかわらず現実には、補償を受ける以上、余計なことはもう話すべきではない、という〝空気〟が、どんよりと被災者を覆ってしまっている。そんなふうに、私には思われてならない。

ただでさえ補償にまつわる〝世間の冷淡な視線〟を意識する被災者らは、故郷を語るというごく自然な行為をも〝ゴネ得を狙った不平不満〟と見なされたくないために、控えてしまう傾向にあるような気がするのだ。

そう語ると、河西も「そうそう」と相槌を打った。

「先祖代々のふるさとを失うということは、おカネをもらってどうこう、という話じゃない。いくらもらっても取り返しのつかない気持ちの問題なんですよ」

私が、鎌田清衛や河西確のような、ふるさとを文章として刻みつける行為に深い共感を覚えるのは、通り一遍の被災者支援では決して消え去ることのない切ない感情を、必死にすくい取ろうとする振る舞いとして、その姿が映るためだった。

終　章　二〇一四年春、大熊びとの声

1

それはまるで、原発事故直後のあの〝苛立ちの時期〟に舞い戻ったかのような光景であった。演壇の司会者が質問や要望を促すと、客席のあちこちから手が挙がり、怒気をはらんだ発言が続いた。

「こんなものができたら、また風評被害が広がって、この付近で農業をするなんてもう、不可能になりますよ。私は反対です。造るなら東京にもっていってもらいたい」

「説明会はきょうを含めて十六回。たかが二時間で十六回ですよ。こんな大事なことを三十二時間で決めるなんて絶対に不可能です。なぜ国は、一軒ずつ被災者を訪ねて私たちの声を聞こうとしないんですか」

二〇一四年五月三十一日、いわき市の勿来《なこそ》市民会館で開かれた中間貯蔵施設についての政府説明会。客席を埋めるのは、大熊と双葉の両町から避難している住民たちである。

当初の計画から楢葉町は除外され、建設予定地は〝曝心地〟にあたるこの二町に絞られていた。説明会はこの日を皮切りに約半月間、福島県内外の計十六会場で順次、開かれることになっていた。

約四十分間の国側の説明に、すでに報道されている内容を超える情報はほとんどなく、当然のことながら、質疑応答は殺伐とした雰囲気に包まれた。

三番目に指名された質問者は、あのふるさと塾会員、元森林組合職員の髙橋清だった。施設の建設によって悪化が予想される風評被害の対策として、「積極的な情報公開で安全性を訴えてゆく」という政府の説明に、髙橋は不信感をあらわにした。

「国の情報公開なんていっても信用できないんですよ。原発行政で過去、やってきたみたいに、都合のいい情報操作をするとしか思えない。どうせやるのなら、住民によるチェック機関を設けたり、あるいは情報発信をする側に住民の代表を入れたりすることはできないんでしょうか」

この質問に国からは、ぼんやりした表現ではあったが、一応は〝前向きに検討する〟という趣旨の回答が戻ってきた。

会津若松から駆けつけた学習塾経営者・木幡《こわた》仁にも質問の機会が与えられた。被災半年後の町長選で渡辺利綱に挑んだ元町議である。

「(国有地として買い上げる価格は)田んぼ一反歩あたり、いくらぐらいなのか。だいたいでいいので示していただきたい」

用地買収の金額に関してはすでに、「場所によって違うし、個人的な情報にもなるので、実際の用地買収の際、相対で申し上げたい」という国側の意思表示があったが、木幡は「大雑把な目安でもいいから」と食い下がったのだ。

そして、用地買収の対象となる建設予定地の外側、「周辺地区」の扱いについても木幡は質問した。

「私は(予定地から外れた)町の西半分に住んでおりますが、道路一本隔てるだけで補償額が違うのは納得できません。基本的には西半分も含め、大熊町すべてを国に買い上げていただきたい」

こちらは相当に大胆な提案であったが、いずれの項目にも国の回答は「ノー」だった。

「金額のことは、この場ではお話しできません」

「こういう施設を造るにあたっては、どこかに(用地買収の)境界線を引かなければならない。

その点はどうかご理解いただきたい」

　基本的に政府の担当者は低姿勢を保ちつつ、ただひたすら「ご理解」を求めるだけだった。質疑は定刻で打ち切られ、被災者の多くは〝ガス抜き〟すら果たせぬまま、不満げな表情で引き揚げるしかなかった。

　中間貯蔵施設をめぐる基本的な論点は、さほど多岐にわたるものではない。私は、長期間に及ぶ大熊被災者とのやり取りを通じ、そのように理解していた。

　県内全域の放射能汚染土を集積する施設は、大熊や双葉など帰還困難区域以外、おそらく建設が可能な場所はない。そんな〝客観情勢〟についてはすでに、大方の被災者が受け止めていた。だからこそ、この日も政府関係者が〝殺し文句〟として繰り返し使ったのが、「この施設が造れなければ、福島の復興はあり得ません」というフレーズであった。

　ただでさえ、周囲から風当たりのきつい大熊・双葉町民である。ここで建設を拒み切り、県内各自治体に分散する汚染土を動かせなくしてしまったら、いったいどれほどのバッシングにさらされることか。

　そのことは、彼ら町民たち自身がいちばんわかっていた。国側も彼らのウィークポイントとして、そこを突いてくるのである。

　それでも、一部には「絶対に土地を売らない」という地権者も存在した。

私はこの翌日、いわき市中心部のいわき市文化センターで開かれた二日目の説明会にも足を運んだが、ここでは双葉町の発言者が「ウチは売りません」と公に〝宣告〟した。

「計画は白紙に戻してください。住民に何の話もなく勝手に国が候補地を決めてしまう。これじゃ押しつけじゃないですか。こんなものができたら、双葉町には誰もいなくなる。町として存続しなくなりますよ」

激しいことばで切り出した男性は、二日前に流された報道番組に言及した。宮城県や栃木県、千葉県で除染によって生じた「指定廃棄物」の処分場が決まらずにいる問題を取り上げた特集であった。

その番組は私も見た。反対派住民による集会での、こんな発言が伝えられていた。

「(原発の)恩恵を受けた地域に(事故による汚染で)帰れないという場所があるじゃないですか。そういうところにもっていってほしい」

都道府県ごとに処分する原則にこだわらず、「恩恵を受け、帰れない地域」、すなわち大熊町や双葉町にもっていくべきだ、という主張である。

現状ではもちろん、あり得ない話だが、いわき市の説明会場で発言した双葉町民は憤懣やるかたない様子でこう続けた。

「あなたたちが、こういうこと言わせてるんですよ。(大熊や双葉は)どうせもう、帰れないんだから。どうせ汚れているんだから、同じダべって。福島県だってそうですよ。中通りの人たちは、浜通りにもっていけばいいじゃないかって言ってますよ。福島県はバラバラですからね。絆がどうの、なんて話じゃないんです」

男性の批判は、三十年後に福島県外に最終処分場を建設する、という約束を立法化する方針にも向けられた。

「法律は改正できるものなんですよ。あなたたち、三十年後に生きていますか。原発ができて四十年経ってもまだ、廃棄物の最終処分方法さえできていないんですよ。結局はどこにも処分場を造れずに、大熊・双葉に置き続ける。そうなるに、決まってます。国が責任をもつなんて言っても、国がいちばん信用できないんですよ。そもそも、国の原子力政策そのものが間違っていたわけでしょ」

私が二日間、傍聴した範囲では、彼のこの発言が最も激烈な糾弾であったが、私がそれ以前に話を聞いてきた大熊被災者の中にも、この人と同様に「自分の土地は売らない」と明言する地権者はいた。

その後、政府は一連の説明会を経て、土地を手放したくない地権者とは、賃貸借契約も認める方針を打ち出すのだが、それをも拒む人が現れた場合、いったいどのように対応するつもりなのだろうか。

私の個人的な印象を言えば、「絶対に土地を売らない」と言う人々にしたところで、おそらく現実問題として、施設建設そのものを阻止できる、とは考えてはいない。そこまでのことはもう、諦めている。

だとしても、ギリギリまで抵抗し、土地収用法による行政代執行など強権を発動する事態にまで国を追い込んで、やり場のない怒りを天下に知らしめたい。彼らが望むのは、そういうことなのではないか。私には、一部強硬派の胸中が、そのように感じられるのである。

だが、ごく一部のそうした人を除けば、多くの人々にとっての現実的な争点はもはや、納得できる価格で土地を買い取ってもらえるのかどうか。その点に絞られていた。つまりは条件闘争なのだった。

大きな論点は、もうひとつある。

木幡仁が指摘した「建設予定地の外側」の問題だ。町の中に巨大な中間貯蔵施設が誕生してしまえば、たとえ放射線量を基準値以下に抑えられたとしても、人々に与える不安やイメージは決定的なものになるだろう。少なくとも子供をもつような家族は、誰ももう帰還しなくなる。農業の復活も絶望的になる。

現在でさえ、いつの日か大熊に戻って生活する、という人は全住民の一割以下に減少している。中間貯蔵施設の建設は、町の消滅をまさに決定づけてしまう最後通告にほかならなかった。

だからこそ木幡は、事実上〝廃町〟を前提とした町全体の買い取りを求めたのであり、私自身、数多くの大熊被災者から同様の声を聞かされていた。

ただ、この意見はまだ、町民の声、と呼べる段階にはない。遠い将来、町が復活することを前提に「自分自身は帰還を諦めたが、子孫のために土地は守りたい」という住民も存在するからだ。

何よりも現時点では、国が町全体を〝居住不能地〟と認める可能性はない。結局のところ、中間貯蔵施設の周りに、手放そうにも買い手のつかない無人の町並みが残されるだけ。思い浮かぶのは、そんな〝事実上のゴーストタウン化〟という残酷な未来絵図である。

初日に勿来市民会館での説明会が終了したあと、退去しようとする元森林組合職員の髙橋清はロビーで苛立ちをこう語った。

「自分たちの町がどうなるか、本当はみんなもう、わかってるんですよ。覚悟はできている。でも、あまりにも一方的に国が話を進めるから、腹が立つんです。我々の気持ちを本当にわかってくれてんのかって言いたくなるんですよ」

被災後の流れの中で考えれば、この中間貯蔵施設をめぐる〝攻防〟こそ、大熊被災者が国にもの申す最後の機会になるに違いない――。

私は前年来、何人かの大熊町民からそんな展望を聞かされていた。

すでに運命づけられた巨大な流れは、微動だにしないだろう。途中段階でどれほど激しいやり取りが交わされても、結論は変わらず、その〝ヤマ場〟さえ過ぎ去ってしまえばあとはもう、町が消滅する方向に流されてゆくだけだと。

それは、あの足尾鉱毒事件に当てはめれば、川俣事件のような戦いかもしれない。説明会場をあとにして、私の脳裏にふと、そんな連想が浮かんだ。

世間の耳目を集める壮絶な〝負け戦〟のあと、ひっそりと谷中村は消え去った。かつて梨農家の鎌田清衛が群馬の史跡で想像したように、大熊もやはり、同じ道をたどるしかないのだろうか。

川俣事件と〝中間貯蔵施設攻防戦〟。ふたつの負け戦の最大の違いを挙げるなら、今回は必ずしも、民衆の側に世論の絶対的支持は望めないことである。

原発立地町被災者に対する、そもそものネガティブなイメージに加えて、おそらく大多数の被災者が目指すことになる経済的な補償に、やっかみを含めた複雑な〝世間の反応〟が予想されるからだ。

いや、巨額の公費が動く中間貯蔵施設問題は、必ずやあの「被害者ヅラをするな」というバッシングをこれまで以上に拡大するだろう。

結局のところ、すでにそういった逆風を痛いほど感じてきた被災者の大半は、これからも口を閉じ、うつむき、ときには大熊出身者であることを隠して生きるしかないのかもしれない。それでも、いや、だからこそ、償ってもらうべきものは、しっかりと受け取らねばならない……。

避けがたい経済的、精神的損害は、金銭によってしか埋め合わせる術はなく、そのことが人々をより一層、世論から孤立させてしまう。多くの被災者をシニカルな人生観に追い詰めてゆくものは、とどのつまり、そんな残酷な因果律だった。

二〇一四年五月、私は約半年ぶりにまた、福島を訪れていた。いわき市の二会場を回り国の説明会を傍聴する前には、会津若松市に立ち寄っていた。

その目的のひとつは、前月に報じられていた大熊の新しい復興プラン「復興まちづくりビジョン」について、詳しく知ることにあった。

会津若松の仮設町役場を訪ね、担当者に聞くと、これは過去の復興構想や第一次復興計画のように正式な手続きで決定したプランとは異なり、さらなる第二次復興計画の策定に向けて、担当部署が用意した議論の「叩き台」なのだという。

つまりはまだイメージ的な段階、ということだが、受け取ったパンフレットを一読して私が感じたのは、希望とはほど遠い、砂を噛むような虚しさであった。

私は役場内をうろうろと歩き、顔見知りの職員をつかまえては、その思いをぶつけた。いま思えば、我ながら無遠慮なもの言いをしてしまったが、職員の側からの反論らしい反論はなく、その多くが苦しげな表情を浮かべた。

「ビジョン」に描かれていたのは、町内で比較的線量が低い大川原地区を対象エリアとした〝ニュータウン建設〟の青写真だった。

それは帰還する町民千人と、原発の廃炉作業などに従事する新規転入者二千人を想定した〝新たな大熊町〟だった。

千人の帰還者――。

その数字は確かにアンケート調査に基づいた「住民の意思」に違いないのだが、私にはどうにも割り切れなかった。

約一万一千五百人、被災後の転出者を除けば約一万一千人となった全町民のうち、一万人の存在は、このニュータウンにはないのである。

そもそもアンケートで「帰還する」と答えている人は、高齢者が大半とされ、十年、二十年と時が経てば、その数は見る見る減っていってしまう。気がつけば、ニュータウンに住む人は廃炉作業員を中心とした「新住民」ばかりになるだろう。

「帰還しない人」がいずれ住民票を手放せば、新たな町長も町議会議員も、新住民の中から選ばれる。

そこに誕生するのはもう、過去数百年以上、脈々と歴史を積み重ねてきた大熊町とはまったくの別ものでしかない。同じ〝場所〟が継承されただけの見知らぬ町。それは言うなれば、サハリンや北方領土に戦後、築かれたロシア人の町のようなものだ。

震災当時の町民一万人に別れを告げ、このニュータウンの建設に邁進することが、果たしていま、求められる復興プランと呼べるのだろうか。そんなことは〝ロシア人たち〟に任せ、四散してゆく一万人に寄り添うことこそが、大事ではないのか……。

私は、部外者であるという身のほどをわきまえず、そんな不躾な感想を口にしてしまったのだった。

震災の直後、真っ先に復興構想に取り組んだ中堅職員のひとりは、私にこう漏らした。

「いま思えば、かつて中野君が主張した意見が正しかったのかもしれませんね」

復興構想検討委の席上、ただひとり、「百年もの長期戦になっても対応できるよう、〝第二の大熊町〟を築くべきだ」と主張した、あの考古学青年・中野幸大のことだ。しかしいまとなってはもう、その機は失われ、中野も町役場にはいない。

いや、大熊という「さまよえる町」がたとえどんな方向に進もうとも、記録者を名乗り出た以上、私はただ、彼ら自身の選択を見守ってゆくしかない。気を鎮め、出すぎた言動を反省した私は、会津若松市内にある扇町仮設住宅にひとりの人物を訪ねた。

大川原二区区長・馬渕和年。

私はすでに震災の翌年にも、馬渕のもとを訪ねていた。大熊では九六パーセントもの町民が汚染度の高い「帰還困難区域」の居住者に分類されているが、大川原地区は「帰宅制限区域」というワンランク下のエリアに区分された。当時、町の大勢と切り離されたこの扱いをめぐって、地区住民の間ではさまざまに議論が交わされていた。

現実問題として、大川原だけが帰還を許されても、町中心部の機能が回復しなければ、人々の生活は成り立たない。大川原も、町全体と同じ扱いにしてもらいたい。かいつまんで言えば、馬渕らの主張はそういうことだった。

それから二年を経て、この大川原にニュータウンを建設する構想が動き始めようとしている。この展開を馬渕はどんな思いで見ているのか。

聞けば、約一年半前から彼は月の半分ほどを双葉郡で過ごし、広野町の宿舎に寝泊まりして大川原のパトロールに従事しているという。この日もまた、二泊三日の勤務に向かう出発日だということで、早朝、家を出る前の犬の散歩に同行して話を聞くことにした。

――大川原の復興が動き出すことに、地区住民はやはり喜んでいるのでしょうか。

「ああ、その話ですか。役場から説明の書類は送られてきましたけど、それだけのこと。我々には関係のないことです」

まさに無関心、無反応。拍子抜けするような回答であった。

馬渕の見立てでは、大川原においても帰還を目指す人は少数に留まり、とくに若年層は皆無に近いという。

「よそで土地や家を買ってる人もあちこちにいるし、おそらく墓参りのときなんかは帰っても、生活の拠点にはみんなしないんじゃないかな。野菜を作ったって売れないし、山菜やキノコ、川魚も採れない。孫たちを呼べるわけでもない。あそこではもう、何もできませんからね」

地元のパトロールに励む馬渕からは、もっと〝前向きなことば〟があるものと想像していたが、このパトロールも町に委託された会社に雇われる形で、いわば一種のアルバイトとして続けているだけだという。

――ふるさとを蘇らせるための行動ではないのですか？

そんな問いをぶつけても、「そんなんじゃ、ないない」と苦笑が戻ってくるだけだった。

ふるさとでの晩年はもう、諦めている。かといって埼玉に家庭をもつ娘がいるだけの馬渕は、自分たち夫婦が住む家を、改めて買い求めるつもりもないという。

「まあ、住めるうちはこの仮設にいて、あとは転々とするだけです」

政府は住民説明会の席上、中間貯蔵施設による地元のダメージを補うため、町の復興計画を全力で支援してゆく、という考えを示していた。

だが、肝心の復興プランの内実はこのようなものだった。

2

大熊の人々は、原発立地町としての繁栄と崩壊という一連の出来事を、いったいどのように受け止め、私たち部外者は、そこから何を学ぶことができるのか。

そんな思いから福島に通って約三年。私は、その全体像を総括する「ことば」とはまだ、出会えてはいない。その断片になりそうな無数の「つぶやき」を拾っては、自分なりにつなぎ合わせようとする試行錯誤を繰り返しているだけだ。

あの原発事故を人災と見るか、想定外の不可抗力と捉えるのか。

失われた故郷について、どれほどの痛みを感じるか。

新たな人生に踏み出せる若さをもっているか、もはや流れに身を委ねる以外にない年齢になってしまっているのか……。

同じ被災者でも、さまざまな立場の違いから、「つぶやき」は一人ひとり、実にさまざまな形に、ばらけている。

そんな被災町民の間で唯一、はっきりと共有されている認識は、〝世間〟からの冷淡な視線だった。

ネットでの中傷、自家用車に傷をつけられたりパンクさせられたりという嫌がらせ、「出て行け」という貼り紙や落書き……。町外の人との雑談中、「たんまりもらっているんだろ?」と嫌み交じりの冗談を言われる〝軽微な不快さ〟は、驚くほど多くの町民が味わっている。

相場二、三千円の駐車場を借りようとして「あんたなら払えるだろ」と五万円もの料金を要求された人がいる。一面識もない人から「避難生活は自業自得だ」といきなり罵倒された高齢者もいる。ある大手物販店に就職した若い女性は「補償金をもらったうえに、まだ稼ぎ足りないのか」と同僚からいじめられ、引きこもりになってしまった。

こういった風潮が、大熊の人々をより一層、押し黙らせてしまっている。

一方で私は、「原発立地町の被災者」に反感を抱く側の感情も、まったく理解できないわけではない。

以前よりかなり減っているようだが、まだ働ける年齢にもかかわらず職探しをしない被災者が、パチンコ三昧の暮らしをしているという話は未だに耳にする。

何よりも苦々しさを覚えるのは、「自分たちのような立場にない被災者」の存在をまるで忘れたかのような発言と出会うときである。

さすがに、岩手や宮城など、津波で家族を失った人々に話が及ぶ場面では、天災と人災という区分はあるにせよ、自分たちが補償される立場にあることに「申し訳ない気持ちになる」と大半の人が口にする。

ただ、「東電には世話になった」という自分自身の〝恩恵〟だけを理由に、安直な原発擁護論を振りかざす論法に出会うと、その人の念頭に「恩恵とは無縁の被災者」の存在がまるで抜け落ちていることに落胆する。そのような〝とばっちり型〟の被災者は、周辺町村だけでなく、大熊町内にも決して少なくない。

しかし、だからと言って立地町被災者に「自業自得」「被害者ヅラするな」と罵詈雑言《ばりぞうごん》を浴びせ、その発言を封じ込めてしまう風潮にも、暗澹《あんたん》たる思いが湧く。

リスクに対応する代価を長年にわたって受け取り、被災後も手厚い金銭的補償を受ける。そのことで内心、〝帳尻が合う〟と感じている被災者もいなくはないだろうが、一方で故郷を喪失した絶望から死を選ぶ人もいるのである。晩年の人生が暗転した高齢者の哀しみは、決して金銭では埋められない。

法的、制度的な償いは償い。それとは別に哀しみを語ることは、本当に不道徳なことなのだろうか。

あの土地には長年に及ぶ人々の営みがあった。それが人知れず滅び去り、いつの日か同じ場所に新しい人々が暮らすようになる。

そのことがあたかも、〝一時的な住民避難を経て町が復興した〟という物語に取り繕われ、忘れ去られてゆくのだとしたら、部外者でありながら私は、たまらない口惜しさを覚えるのである。

大熊や双葉で起きたのは、そんな生やさしい出来事ではなかった。そのことをはっきりさせておかなければ、あの惨事から得られる教訓は、極めて矮小化されてしまう。

そんな思いが根底にあるだけに、人々の断片的な「つぶやき」を積み重ねる私の作業には、どうしてもバイアスがかかっている。そのことを否定するつもりはない。

私が二〇一四年の春、福島への最新の旅で新たな試みを思い立ったのは、そのような認識も関係していた。試みとは、大熊被災者の短歌を探してみる作業である。

そこには、私という質問者が何ひとつ影響を及ぼすことのない、自然のままの「大熊びとの声」が存在するはずだ。

情報を集めると、各地に点在する大熊被災者には、あの農民歌人・佐藤祐禎の友人や門下生など、年輩の短歌愛好者が何人かいて、現在もなお、それぞれに「被災後の歌」を詠み続けていることが判明した。

「ちょうどできあがったばかりなんですよ。もらってくれますか」

そういって自らの処女歌集を手渡してくれたのは、佐藤祐禎を中心につくられた地元の短歌会「水流」の代表・吉田信雄だった。

会津若松駅前の借り上げマンションで、百歳を超す両親と妻との四人で暮らしている元教員である。

彼が取り出した歌集には、『故郷喪失』というタイトルがつけられていた。震災後の歌とそれ以前の作品の二部構成になっていて、被災後のテーマは「望郷」であった。

二十年は帰れぬと言ふに百歳の母は家への荷をまとめおく

逃れ来し会津の秋は霧多し行く先見えぬ難民われら

原発のふるさといまだ捨て切れずここ避難地に住まひ探すも

復興の遅きを責むる町民に向き合ふ息子の白髪目立つ

遁れ来しふるさとを語る酔ふほどに忿《いか》り湧きくる壊ししものに

四首目は、町役場職員として働く息子について詠まれている。

かつて月一回、十数人の仲間が公民館に集まった「水流」の歌会は、震災を境に開かれなくなった。ただ、佐藤祐禎を偲ぶ親睦会的な集まりは、被災三年目にようやく実現した。

「私の家は夫沢にありましてね。あの中間貯蔵施設が造られる予定地です。まさに〝ふるさと喪失〟なんですよ。私は高校を定年退職後、祐禎さんに無理やり誘われて短歌を始めたんですけど、こうなってみると、自分の心をぶつける方法があるわけですから、短歌を続けていて本当によかったな、と思ってます」

吉田に紹介され、次に訪ねたのは、いわき市の借り上げアパートに独り暮らしをする白石琴子。大熊町民ではないが、隣町の双葉から大熊に通う「水流」のメンバーであった。

「私は、短歌が下手くそでね。もうやめようと何度も思ったけど、震災のあと、祐禎さんに電話で言われたの。『原発の歌を詠みなさい。これは世の中に残さねばなんねえことだからな。ひとつでもふたつでも、できたら送ってこいよ』って。そう言われても、うまくはできないんだけど、祐禎さんはね、どんなに下手な歌でも絶対にけなさない人なんです。だから、私が送ったどうしようもない歌に『あなたは本当に傷ついたんですね。初心に戻りましたね。勉強して頑張りましょう』って返事をくれました」

そんな師のことばに励まされるようにして、白石は佐藤祐禎の他界後も、所属する短歌結社に毎月、作品を送り続けている。

三年住みし避難地に息子らは家を建て新年迎ふ古里遠く

原発の歌を残せよと言はるるも歌より先に涙の出でく

本葬の弔辞聞きつつ在りし日の祐禎さん思ひ涙あふれき

同郷の人の名をすら忘れゐる避難は三年《みとせ》先行き見えず

福島に生まれ育ちて結ばれて遠き避難地のアパートにひとり

白石は震災から翌々年にかけ、首都圏の姉妹を頼り、借り上げ住宅もいったんは埼玉で見つけていた。福島に引き揚げたのは、都会に住む精神的苦痛が原因であった。

「『あなたたち、原発は自分たちで誘致したんでしょ。恩恵も受けてきたんでしょ。こんな目に遭うのも仕方ないよね』って、それまで話したこともない妹の知り合いから、いきなりそう言われたんです。『でも、その電気を利用してきたのは東京や埼玉のあなたたちですよね』って言い返したんだけど、ホントに悔しくて。『借り上げ住宅は自分たちの税金で賄われているんだ』なんて、わざわざ私に言う人もいた。ああ、こんなところにはとても暮らしていけないいな。そう思って福島に帰ってきたんです」

望郷の歌だけでなく、そういった体験を作品にしようとは思わないのか。

「そういうのを詠もうとすると、胸が詰まって悲しくなってしまう。だめですね」

白石の見せてくれた結社・新アララギ福島会の合同歌集には、同じ「水流」で親しかった阿部緑が詠んだ「祐禎さん」と題した一連の作品が見開きで掲載されていた。大熊被災者のひとりで、震災以後、大阪で暮らしている。

われらには帰れば残る家がある放射能なくなる日さえ来れば

再びの震災記念日暮れんとし命閉じたり祐禎さんは

大熊に繋がる縁たちきられ中途半端な難民となる

このままここに終る命かフクシマに残してきたるもろもろあれど

佐藤祐禎が短歌会「水流」を立ち上げたのは、震災の十数年前。それまでは「さわらび」という大熊に以前からあった会に属していた。人間関係に強引な一面ももっていた佐藤は、そこから気の合う仲間にだけ声をかけ、自らの一派を分離させたのだった。

いわき市の好間工業団地にある仮設で、弟一家と隣り合わせに暮らしている八十八歳の女性・佐藤美二《みじ》は、分裂後も「さわらび」に残ったメンバーのひとりだが、佐藤祐禎の名に眉をひそめることもなく、「あの人のおかげであたしは短歌を続けてる」と感謝の念を語るのであった。

四十代で上京して鍼灸の専門学校に学んだ美二は、鍼灸師として埼玉で働き、五十代後半に帰郷した。大熊でも鍼灸の店を開き、ひとりで生きてきた。祐禎と知り合ったのは六十八歳のときだったという。

「あたしらの時代だと、それが普通なんだけど、学校に行ったのは、小学校の高等科二年まで。それでも昔から本好きな文学少女でね。誰に見せるつもりもなく、何かあると五七五七七で、歌を書き留めてた。そんな自己流で書いたものを祐禎さんに見せたら、『うまいでねえか、あんたもさわらびに入れ』って。それで歌を始めたわけ」

一時期、所属していた短歌結社はもう退会してしまったが、それでも折々に歌を詠む習慣は続いている。この年明けには、宮中の「歌会始の儀」で応募作が佳作に選ばれる経験もした。

ねむの木よ彼の日の如く咲きたるかわれは静かに仮設に暮らす

「大熊の家には、友だちが植えてくれたねむの木があるの。それがことばに言い表せないほどきれいな花を咲かせるのね。いまごろまた、あの庭で咲いているのかなって、そんな思いで詠んだ作品です」

朝日歌壇にも昨夏、そして今春と入選した。やはり仮設暮らしを詠んだ歌だった。

四畳半の仮設に暮らし足るを知る半夏生《はんげしょう》の今日米寿迎えたり

道の辺にスミレ、タンポポ咲き始めて四年目に入る仮設住宅

ねむの木の植えられた自宅への帰還はもう諦めているが、もしかしたら、生まれ育った大川原地区の実家には戻れるかもしれない、と〝その日〟を夢見ている。

「実家は弟の家だけど、敷地が広いからプレハブでも建てさせてもらってね。大川原は周りより少し高くなってるでしょ。だから昔、家から海を眺めると、船が通るのがよく見えたの。夜は

サンマ船の灯がずーっと点いてね。そのころは何とも思わなかったけど、最近はね、あそこから朝日が昇るのを拝みてえなあって、そんなことを思うんだよ」

灯台もと暗しとでも言うのか。私が大熊被災者の中でも、最も親しく連絡をとり合ってきた梨農家の鎌田清衛が、短歌にも相当な情熱を注いできたことは、彼の所属する短歌結社「榆の会」の雑誌を見せてもらうまで、思いもしないことだった。

そこには『原発難民』と題した鎌田の二十首詠が震災以後、ほぼ隔月で掲載され、この五月号ですでに第十七回を迎えていた。

大熊では震災まで、佐藤美二と同じ「さわらび」で活動していた。

歌に詠む題材は同じ大熊被災者でも人それぞれ異なるが、歴史や社会全体を俯瞰して眺める習慣をもつ彼の場合、その作品は「望郷」の表現に留まりはしなかった。この一年ほどの作品からいくつかを抜き出すと、このような具合だ。

貯蔵施設つくるとならば里失せむされど各々生くるほかなき

中間貯蔵施設はじまる前なれば荒るるにまかす梨の木撮りぬ

かなしみの澱を沈めて生きゆかむ古里の夢置き去りにして

もう何も躊躇《まよ》ふことなく言ふがよい「原発十基は墓に埋めろ」

日隠山染める夕焼けまぼろしになりゆく切なさ日ごとにつのる

わがひと世梨育て来て終止符を打つ外はなき原発事故に

郷土史を掘り下げ、消えつつある大熊方言を集め、そしてまた二十首詠として、被災後の思いを短歌に詠む。そもそもは溢れ出る知的好奇心の赴くまま、広がった多種多様な関心だが、そのいずれもが原発事故を経て、単なる趣味以上の意味合いをもつようになった。

自らに残された時間を、消え去ろうとするふるさとを刻みつける作業に、ただひたすら振り向ける。鬼気迫る、とまで言ってしまうと大げさかもしれないが、実際、それに近い真剣さを、私はこの鎌田から感じるのである。

「歴史好きとして今回の出来事を眺めると、やっぱり人間というものは愚かだなって気がするんです。科学技術はいくら進んでも、本質としては同じことを何度も繰り返している。だからこそ私は、被災者として個人的な要求をするだけでなく、この体験を歴史上の出来事として後世に残していかないといけないと思うんです。もう年だから大したことはできないけど、やらなくてはならないことは、まだまだたくさん残ってます」

真夏のような日差しが照りつける六月の初め、私にとってもはや〝お決まりのコース〟となった須賀川市の鎌田宅訪問を経て、二〇一四年春の福島への旅は終わった。

3

東北自動車道を館林インターチェンジで降り、国道122号線を経て利根川を目指す。何度も往来を重ねてきた福島からの帰路、こんな〝寄り道〟をするのは初めてのことだった。

私はあの足尾事件をめぐる史跡を駆け足で一巡するつもりでいた。

明和町で「川俣事件記念碑」を見たあと、その農民勢が結集した館林市の雲龍寺、さらには田中正造の出身地・佐野市にある郷土博物館を訪ね、最後にあの谷中村があったという渡良瀬遊水池へと車を走らせた。

四県六市町にまたがる約三千三百ヘクタールの遊水池は、洪水被害を生みそうな増水時だけ水面下に沈むが、ふだんはその南側にあるハート型をした谷中湖を除いて、一面に葦原が広がる原野になっている。

それはまさに広大な野鳥の楽園であり、サイクリングやトライアスロン、スカイダイビングなどを楽しめる運動公園でもあった。

葦原を貫く導入路を経て谷中湖畔に車を停め、公園地区の一角を散策する。美しい芝生にシートを敷き、ピクニックを楽しむ中年女性のグループがいた。舗装されたコースでサイクリングをする若者や、野鳥観察に来たらしい老夫婦の姿もある。

そんな片隅に、うっかりすると見落としてしまいそうな小さな標識があった。その先に、生い茂った人の背丈ほどの葦原に挟まれて、曲がりくねった未舗装路が続いてゆく。

やがて、ぽっかりと視界が開け、道幅の広がった小さな広場が現れる。

左手の小さな盛り土に神社跡があり、そこに立つと、かつて一面の水田があったのであろう広大な葦原が一望のもとに広がっていた。晩年の田中正造はここにあった祠で、村の若者たちとさまざまに議論を交わしたという。

高台と隣接して延命院という寺の跡地があり、火の見櫓《やぐら》の鐘のレプリカが吊るされている。向かいには、巨大なクヌギの木とその下に広がる共同墓地。角の丸くなったいくつもの墓石が静かにたたずんでいる。

吊るされた鐘に目を戻せば、その脇に小鳥の巣箱のようにぽつんとポストが立つ。中には来訪者のための「連絡ノート」が一冊、納められていた。

表紙に「No.18号」と記されたノートには、前年の秋からの書き込みがびっしりと続いていた。ふと開いたページの、こんなことばが目に留まった。

《多くの方が同じ感情を持っておられる事に感動した！人間捨てたもんじゃない》

改めて最初のページから読み進むと、いつの間にか私も、同じような感慨に包まれていった。ノートにペンを走らせた人は、この谷中村跡を目指してきた人ばかりではない。自然観察やピクニックに来て、たまたまこの空間に足を踏み入れた人たちもいた。にもかかわらず、この緑の空間で、実に大勢の人が福島を思い起こしていた。

《福島原発事故と日本経済の発展に思う。

公害より人を守るべし。原発に代わるエネルギーはないか、原発、安全なものをつくれないか。

日本技術の底力を期待します》

《福一（福島第一原発）とすべてが重なる。国のやり方、歴史に学べない。哀しい思いで見学する》

《久しぶりに来ました。ノートを見ると以前よりも多くの人がよく訪れているようでよかったです。今度は若い人を連れて来ようと思います》

《何とも合掌です》

《日本人が忘れてはいけない場所》

《福島原発　国は今も同じ事をする。情けない》

《ふる郷を思う気持ちは昔も今も変わりなし。大切にしていきたい》

《谷中村の共同墓地をやっと見つけることができました。谷中村の悲しい歴史に触れると目頭が熱くなります。原発の事故により、福島県から加須市に避難して来た者です。放射線の線量が高く、死ぬまで戻れないと思います。いずれ谷中村のように廃村となっていくことでしょう。

悲しいです》

《谷中村の姿と主人の故郷、福島・浪江、重ねてしまいます。悲しい苦しい時を経て、今、緑におおわれて私たちをなぐさめる場所になっています。私にとって不思議な、忘れられない場所になりました》

福島からの帰路は常日ごろ、どうしても重苦しい気分を引きずりがちなのだが、この日の感覚は違った。新緑の木陰に立ち、一枚ずつページをめくるたびに、心を覆っていたものが少しずつほどけてゆく。一年前、川俣事件の跡地で鎌田清衛の胸を締めつけた感情は、決して彼ひとりの孤独な寂寥ではなかったのである。

そう言えば、佐野市郷土博物館の担当者も、「震災以後、とくに東北からの来館者が増えました」と語っていた。足尾事件ゆかりの地に入れ替わり足を運ぶ人々の流れ。それがある限り、大熊や双葉の被災者が孤立無援になることはないだろう。

心地よいそよ風の中で思いはさまざまに広がってゆく。

もしかしたら数十年ののち、廃炉作業が完了した長者原の台地にも、この渡良瀬遊水池のような、幻想的な景観が広がるのかもしれない。すでに五十代の私は果たして、その日に立ち会うことができるのだろうか……。

　そしてふと、鎌田清衛に手渡された短歌の記憶がぼんやりと浮かんだ。肩掛けカバンをまさぐり、借り受けた資料を確かめると、それはこんな歌だった。


　百十歳までは生きねば原発の廃炉を見届け死ぬこと出来ぬ

　ふるさとが迎えようとしている運命を、まずはしっかりと受け止める。それ自体は一見、後ろ向きで非生産的な行為としか映らないかもしれない。だが、そこに立たなければ、この悲劇の教訓も未来への指針も、何ひとつつかみ取ることはできない。それこそが、すべての出発点なのである。

　被災から三年余。さまよえる人々の心はまだ、喪失感という共通の感情に重なり合い始めた段階にすぎず、その声は相変わらず数少なく、か細い。だが私はいつの日か、彼ら自身の中から堂々たる幾人もの「語り部」が現れてほしいと願っている。

　そのことばは、国内はおろか全世界の人々が耳を傾ける重みをもつはずだし、もしそれがただのひとりも現れないまま終わるなら、消え去ろうとする「ふるさとの命」があまりにも虚しい。

　それはまた、時間との闘いにもほかならない。過ぎ去った月日はまだ三年だが、佐藤祐禎も志賀秀朗も、すでにこの世にはいない。

「曝心地のことば」がはっきりと形をもって現れるその日まで、部外者の私は細々と、その断片を拾ってはつなぐ作業を続けてゆくつもりだ。私には、それが「恩義ある東北」に対する自分なりのかかわり方だと思っている。

思いもしなかった心地よい散策を切り上げ、駐車場に向かおうとしたそのとき、私はもうひとつ、小さな驚きと遭遇した。

最後に立ち寄った公園事務所でのことだ。室内に飾られたパネルに目をやると、そこには天皇皇后夫妻の来訪を伝える新聞記事がはめ込まれていた。さらに近づけば、その記事は、私の遊水池訪問とひと足違いの差、わずか十日余り前のものだった。

ご夫妻の旅は一泊二日の日程で、ここ渡良瀬遊水池のほか佐野市郷土博物館、鉱毒被害の跡地・日光市の松木渓谷など、田中正造にまつわる場所を一巡する「私的旅行」だったという。

博物館では、田中正造が自身の曽祖父・明治天皇に渡そうとした直訴状も熱心に見学されている。

もちろんその立場上、生々しい世俗の問題への言及は残されていない。だが私は、この時期のご夫妻の行動に、紛うことなき明確なメッセージを読み取った。

この場所を訪れ、谷中村跡のノートに目を通した人なら、私のこの理解をこじつけとは感じないだろう。それほどにいま、足尾事件ゆかりの地で福島を想起せずにいることは、困難なのである。

車に乗り、葦原を抜ける一本道で湖畔をあとにすると、その途中の左手に木組みの展望台が見えてきた。

天皇皇后ご夫妻はその日、小雨にもかかわらずこの上に登り、オオヨシキリのさえずりにも気づかれたという。

申し訳ないほどに好天に恵まれた私も車を寄せ、展望台に立ち寄ってみた。いったいどの声がオオヨシキリなのか、私には皆目、見当がつかないが、さまざまな野鳥のさえずりが賑やかに混ざり合い、風に乗って葦原を流れてゆく。

そこには、ただひたすらに美しく哀しい、無人の光景が広がっていた。

あとがき

六月の下旬、本書の執筆も終盤に差しかかった段階で、耳を疑うような報道に接した。

石原伸晃環境大臣が、中間貯蔵施設建設の地元合意を得る見通しについて、「最後は金目でしょ」と記者たちに口を滑らせた一件である。

金銭的な価値が高いことを示したり、値段そのものを指したりする、本来の「金目」の語義からすれば、座りの悪い奇妙な表現だが、そこに込められた〝とげのあるニュアンス〟は十分に伝わった。

要は、「金目当て」と言いたかったのだろう。少なくとも、地元の人々は、そのように受け止めた。

これはきつい。

私は反射的にそう思った。

的外れで事実無根、言いがかり的な暴言だったからではない。それならば、まだよかった。

少なからぬ地元被災者が内心、忸怩《じくじ》たる思いを抱えているデリケートな部分、つまりは相当に核心に近いポイントを、このことばは、無神経にえぐったのである。

震災前のふるさとでの生活を、すべて元通りに取り戻したい。そんな切実な願いを諦める代償として、人々はやむを得ず、金銭的補償で心を収めようとしている。

そのことは「世間からの白眼視」という、いたたまれない副産物も伴っている。

にもかかわらず、大臣は平然とそのことに触れた。

そもそも誰のせいで、こんなことになってしまったのか。

政府の人間にだけは、それを言われたくない。

被災者の怒りは、大臣発言の内容よりむしろ、過去三年間、さんざん苦しめられてきた心ない人々による中傷を、よりによって政府の高官まで口にするのか、という一点に向けられていた。

一連の報道に、私は天野美紀子の漏らしたことばを思い出していた。

震災から一年後、自殺という形で義兄を失った、あの大熊出身の浪江被災者である。

「おカネの力って、やっぱり怖いなって思うんですよね」

彼女は、補償問題をめぐる文脈で、そのことばを呟いたわけではない。出身地の大熊と嫁ぎ先の浪江、ふたつのふるさとを原発事故で失い、なおかつ肉親の命まで奪われてしまった惨劇、そのすべてを振り返り、このひと言を発したのである。

彼女は、貧しくも穏やかであったふるさとが「原発の町」になったこと、それこそが悲劇の出発点であり、その変化は、人々が容易には抗《あらが》えない「おカネの力」によってもたらされたものだと受け止めていた。

ほとんどの住民が農協への借金と出稼ぎで食いつないでいた。前大熊町長の志賀秀朗はかつての大熊をそんな表現で語ったが、そんな貧しい寒村は、原発を受け入れたことで瞬く間に変貌した。そして、その同じ場所に福島一豊かで〝過疎・高齢化知らずの町〟が生まれた。

歌人の佐藤祐禎によれば、一方でその新しい大熊では、原発への懸念を口にしようものなら、「いったい誰のおかげでこの暮らしがあるのか」と、猛反発を受けるような空気が支配するようになった。

豊かさ、つまりは「おカネの力」は、そういった住民意識をこの町につくり上げるうえでも、絶大なる効果を発揮したのだった。

実際、福島の原発事故という大惨事を目撃したあとでも、原発をもつ全国の自治体では、一日も早い再稼働を求める声があちこちで上がっている。

「原発による繁栄は、麻薬のようなものなんです」

何人もの大熊被災者が、そんな言い方で私にその心理を説明してくれた。

原発を受け入れた地域の住民が〝金目の人〟、つまりは金銭によっていかようにでも動く人々だと言うのなら、そもそもそういった住民意識を育て上げたのはほかでもない、国の原発政策それ自体だったのではないか。

「石原大臣がつい、ぽろっと口にしてしまったわけですが、実際のところ、政府の人間はふだんから、そんなふうに我々を見ているんだろうなって、あの騒ぎのあと、仲間内では、そんな話になりました」

被災者のひとりは、私にそう語った。

その後、石原大臣は福島に赴いて発言を謝罪、一時は激昂した住民世論も時間が経つにつれ、沈静化していった。

発言の影響が懸念された中間貯蔵施設問題の進展も、震災による地価下落分を福島県が独自に上積みして用地買収をすることや、希望する地権者には賃貸借契約も認めることなどが打ち出され、県や町の段階では計画を容認、九月以降、国と個別地権者との交渉に委ねられることになった。

結局のところ、大きな流れは絶対に変わらない。

多くの人々は、失言騒ぎが起きる以前と同様に、いまもまた、そんな無力感、諦観の中にいる。

大熊被災者が直面する問題は、中間貯蔵施設だけではない。その予定地から外れた「それ以外のエリア」の扱いや、復興事業のあり方など、さまざまな懸案事項がまだ残され、今後もさまざまに議論が交わされてゆくだろう。

私は約三年間の福島通いによって聞き取り、考えたことをとりあえず、本書によってまとめたが、大熊の〝定点観測〟は今後も継続するつもりだ。懸案の諸問題をめぐる動きももちろん、見守ってゆく。

だが、私個人の優先順位では、これら政策決定のプロセスにもまして、被災者一人ひとりの内面が十年、二十年というスパンでどのような変化を見せるのか、その点にこそ、最大の関心がある。

人々の心情に寄り添ってゆく作業。そこには二重の意味で時間との闘いが待ち受けている。

ひとつは、残された時間に限りのある高齢の被災者から、いかに話を聞いておくことができるか。もうひとつは、心の整理を簡単につけられない人々の胸中に少しずつ、思いが固まってゆく歳月を本当に息長く、待ち続けられるのか、という問題である。

中には、もう過去は忘れたい、放っておいてほしい、と私との接触を拒む人も出てくるであろう。だが、その同じ人がもしかしたら、さらに五年後、十年後と時が経てば、故郷を語りたい気持ちになっているかもしれない。

これからはもう、過去三年間のような密度での作業の継続はできないが、たとえ断続的になってしまうにせよ、私は残りの人生の一部分を使って〝大熊ウォッチャー〟であり続けたいと思う。

部外者でありながら、彼ら被災者の生き方にまで立ち入ってものを言う差し出がましさ。果てしない作業の継続によってのみ、私自身自覚するその違和感は薄められていくと思うからだ。

その意味で本書は、その最初の中間報告となる作品である。実名・匿名で取り上げた方々や、月刊『望星』誌の連載時の協力者、そのほか出会うことのできたすべての大熊被災者に、この場を借りてこれまでのお礼を申し上げ、引き続きの協力をお願いしておきたい。

さまよえる町・主な参考文献

◎田村紀雄『川俣事件　渡良瀬農民の苦闘』(第三文明社　レグルス文庫、一九七八年)
◎朝日新聞社編『朝日歌壇 2012』(朝日新聞出版、2012 年)
◎朝日新聞社編『朝日歌壇 2013　1-12 月』(朝日新聞出版、2014 年)
◎佐藤祐禎『歌集　青白き光』(短歌新聞社、2004 年)
◎三原由起子『歌集　ふるさとは赤』(本阿弥書店、2013 年)
◎草野比佐男『村の女は眠れない　草野比佐男詩集』(光和堂、1974 年)
◎開沼博『「フクシマ」論　原子力ムラはなぜ生まれたのか』(青土社、2011 年)
◎草野比佐男『わが攘夷　むらからの異説』(昭和出版、1976 年)
◎大熊町史編纂委員会『大熊町史　第一巻　通史』(大熊町、1985 年)
◎松坂清作編『大竹作摩翁の生涯』(大竹作摩氏伝記刊行会、1980 年)
◎木村守江『訪米日記』(私家版、1973 年)
◎東京電力社史編集委員会『東京電力三十年史』(東京電力、1983 年)
◎東京電力福島第一原子力発電所『共生と共進—地域とともに—　福島第一原子力発電所 45 年のあゆみ』(2008 年)
◎樅の木会·東電原子力会『福島第一原子力発電所 1 号機運転開始 30 周年記念文集』(2002 年)
◎福島民報社編集局『福島と原発——誘致から大震災への五十年』(早稲田大学出版部、2013 年)
◎相馬市史編纂会編『相馬市史　5』(相馬市、1971 年)
◎在伯福島県人会『ふくしま　在伯福島県人会々誌』(1977 年)
◎朝日新聞いわき支局『原発の現場　東電福島第一原発とその周辺』(朝日ソノラマ　1980 年)
◎柴野徹夫『明日なき原発——『原発のある風景』増補新版』(未來社、2011 年)
◎佐野眞一『津波と原発』(講談社、2011 年)
◎木村紀夫『汐凪』(幻冬舎ルネッサンス、2012 年)
◎尾崎孝史『汐凪を捜して　原発の町大熊の 3.11』(かもがわ出版、2013 年)
◎鎌田清衛『日隠山に陽は沈む』(私家版、2014 年)
◎河西確『熊一区の歩み　年表といままでの姿』(私家版、2013 年)
◎大熊町図書館『おおくまの民話』(大熊町、1997 年)
◎吉田信雄『歌集　故郷喪失』(現代短歌社、2014 年)
◎新アララギ福島会『合同歌集　あらゝぎ　第十五集』(2014 年)

【著者プロフィール】

三山 喬（みやま・たかし）

1961年、神奈川県生まれ。東京大学経済学部卒業。98年まで13年間、朝日新聞記者として東京本社学芸部、社会部などに在籍。のちに国家賠償請求訴訟となるドミニカ移民問題を取材したのを機に移民や日系人に興味を持ち、退社してペルーのリマに移住。南米在住のフリージャーナリストとして活躍した。2007年に帰国後はテーマを広げて取材・執筆活動を続け、各紙誌に記事を発表している。著書に『日本から一番遠いニッポン～南米同胞百年目の消息』『ホームレス歌人のいた冬』（ともに東海教育研究所刊）『夢を喰らう～キネマの怪人・古海卓二』（筑摩書房）がある。

さまよえる町 ～フクシマ曝心地の「心の声」を追って

2014年11月7日 第1刷発行

著 者 ―――― 三山 喬
発行者 ―――― 原田邦彦
発行所 ―――― 東海教育研究所
〒160-0023 東京都新宿区西新宿 7-4-3 升本ビル
電話 03-3227-3700 FAX 03-3227-3701
発売所 ―――― 東海大学出版部
〒257-0003 神奈川県秦野市南矢名 3-10-35 東海大学同窓会館内
電話 0463-79-3921
組版所 ―――― ポンプワークショップ
印刷所 ―――― 図書印刷株式会社

月刊『望星』ホームページ ―― http://www.tokaiedu.co.jp/bosei/
Printed in Japan ISBN978-4-486-03786-6 C0095
定価はカバーに表示してあります。

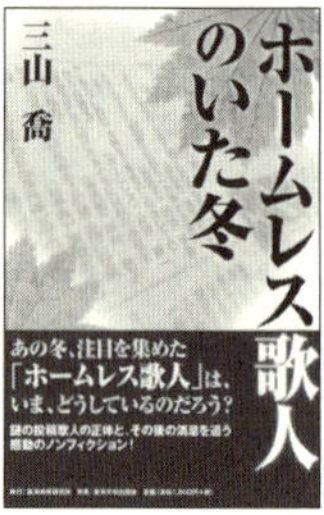

ホームレス歌人のいた冬

「ホームレス歌人・公田耕一」の消息を追う

三山　喬 著　四六判 272 頁　定価（1,800 円 + 税）

ISBN　978-4-486-03718-7

リーマンショック後の大不況で年越しテント村が作られた２００８年末､「朝日新聞の歌壇」に､彗星のごとく現れ､約９カ月で消息を絶った「ホームレス歌人」がいた。その正体と、その後の消息を追う感動のノンフィクション。

日本から一番遠いニッポン

南米同胞百年目の消息

三山 喬 著　A5 判　344 頁　定価（2,800 円 + 税）

ISBN　978-4-486-03198-7

この一世紀余の間に南米の各地に渡り、新天地を切り開いてきた日本人同胞は今。そのさまざまな現実を、現地に住んだジャーナリストが最深部から描き出す。

反欲望の時代へ

大震災の惨禍を越えて

山折哲雄×赤坂憲雄 著　四六判　304 頁　定価（1,900円+税）

ISBN　978-4-486-03720-0

地震と津波、そして原発……。災厄の日々から、来るべき時代はどう展望出来るのか。深く広い対話に第二部として寺田寅彦、宮沢賢治らの作品を加えた「歩み直し」のための必読書！

東北魂

ぼくの震災救援取材日記

山川　徹 著　四六判　296 頁　定価（1,800 円 + 税）

ISBN　978-4-486-03742-2

東北で生まれ育ち、歩き続けてきた著者が、３・11 からの 10 カ月間に体験した出会いと別れ。元ラガーマンや捕鯨船員、泣き虫和尚、地方出版社荒蝦夷の人々……。大震災発生から１年を迎える東北の姿を描く人間ドキュメント。これからへの思いと鎮魂の記録。